Boken är inte avsett som någon komplett lärobok, utan är mer menat som ett komplement eller repetitionsbok.

Den behandlar kortfattat olika komponenter och dess grundkopplingar samt beräkningar.

Kan vara till hjälp, både för yrkesverksamma tekniker, studerande eller idérika hobbybyggare inom elektronik.

Lennart Hallerbo

GRUNDER i ANALOG ELEKTRONIK
© **Lennart Hallerbo 2013**   1:a uppl.
Förlag och tryck: BoD
ISBN: 978-91-7463-446-4
Reservation för ev. skrivfel

INNEHÅLL

Enheter	2
Passiva komponenter	6
Resistorer	6
Märkning av resistorer	8
Potentiometer	10
Trimpotentiometer	
Termistor	
Fotomotstånd	
Reostat	
Varistor	
Kondensatorer	13
Trimkondensator	15
Vridkondensator	
Induktor	16
Serie och Parallellkoppling	18
Resistorer	
Kondensatorer	20
Induktanser	22
RC-Filter	23
Lågpass	
Högpass	
Bandpass	
Transformatorer	26
Nättransformator	28
Spartransformator	
Fulltransformator	
Vridtransformator	
Inkoppling	
Aktiva komponenter	30
Dioder	30
Fotodiod	31
Kapacitansdiod	32
Lysdiod	
Optokopplare	
Schottkydiod	
Transientskyddsdiod	
Zenerdiod	

Zenerdiod som stabilisator	35
Likriktare	37
Transistorer	40
Bipolära	
GE-steg	
GK-steg	
GB-steg	
GE-förstärkare	44
Darlingtontransistorer	46
Unipolära transistorer	
MOSFET	48
ESD	
Op-kretsar	49
Inverterande förstärkare	51
Icke-Inverterande förstärkare	53
Spänningsföljare	55
Komparator	
Schmitt-Trigger	
Summaförstärkare	
Differentialförstärkare	
Instrumentförstärkare	
Integrerande koppling	
Deriverande koppling	
Aktiva filter	
Lågpassfilter	66
Högpassfilter	70
Bandpassfilter	73
Några viktiga parametrar för OP	76
Anslutningar för OP	
Offset	
Matningsspänning för OP	
Mönsterkort	80
Symboler	84

Enheter:

Enheternas namn härrör oftast från dess upptäckare. Exempelvis Volt (Alessandro Volta), Ampere (André-Marie Ampére) och Ohm (Georg Ohm).

Några av de viktigaste enheterna inom el och elektronik är spänning, ström och resistans.

De kan liknas vid ett vattenfall, där fallets höjd är spänningen och vattenflödet är strömmen.

Resistansen kan då liknas med den dammlucka eller strypning som bromsar upp vattenflödet.

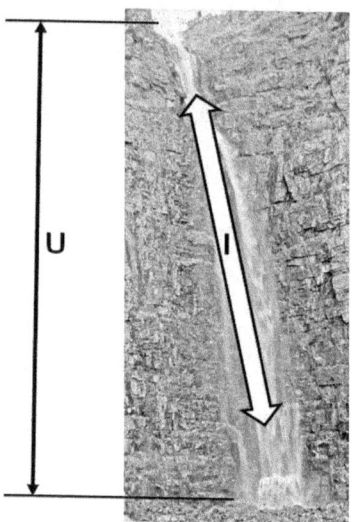

Spänning:

Betecknas med **U** och enheten är **Volt (V)**.

Ström:

Betecknas med **I** och enheten är **Ampere (A)**.

Resistans:

Betecknas med **R** och enheten är **Ohm (Ω)**.

Förhållandet mellan dessa enheter är enligt

Ohms lag:

$U = R \cdot I$ Kan även skrivas $R = \dfrac{U}{I}$ eller $I = \dfrac{U}{R}$

Effekt:

Betecknas med P och enheten är **Watt (W)**.

Den beräknas enl. $P = U \cdot I$

Sambandet mellan ström (I), spänning (U), resistans (R) och effekt (P) enligt Ohms lag.

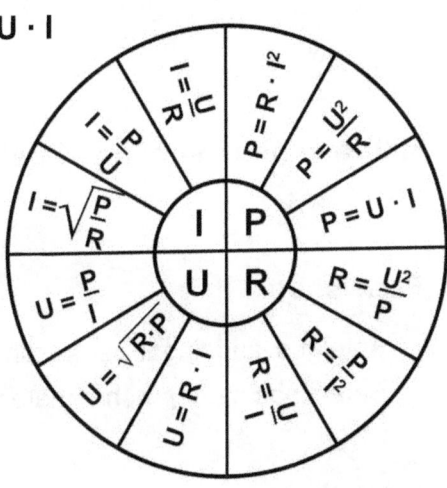

Talfaktor	Prefix	
	Benämning	Beteckning
10^{12}	tera	T
10^{9}	giga	G
10^{6}	mega	M
10^{3}	kilo	k
10^{2}	hekto	h
10^{1}	deka	da
10^{-1}	deci	d
10^{-2}	centi	c
10^{-3}	milli	m
10^{-6}	mikro	µ
10^{-9}	nano	n
10^{-12}	piko	p

I stället för att skriva onödigt långa tal eller en massa nollor, används ett prefix före enheten.

Ex. 0.001A = 1mA,
1000Ω = 1 kΩ

Grekiska alfabetet

Α α	alfa	Ι ι	jota	Ρ ρ	ro
Β β	beta	Κ κ	kappa	Σ σ	sigma
Γ γ	gamma	Λ λ	lambda	Τ τ	tau
Δ δ	delta	Μ μ	my	Υ υ	ypsilon
Ε ε	epsilon	Ν ν	ny	Φ φ	fi
Ζ ζ	zeta	Ξ ξ	ksi	Χ χ	chi
Η η	äta	Ο ο	omikron	Ψ ψ	psi
Θ θ	teta	Π π	pi	Ω ω	omega

Andra enheter som ofta förekommer är:

Frekvens:

Antalet svängningar per sekund.

Betecknas med f och enheten är **Hertz (Hz)**.

Vinkelfrekvens:

Betecknas med ω och enheten är **Rad / s**

Radianer (Rad) är ett bågmått.
Bågmåttet π motsvarar gradmåttet 180°. $2\pi = 360°$.

Vinkelfrekvensen blir: $\omega = 2 * \pi * f$

Kapacitans:

Förmågan att lagra elektrisk laddning.
Betecknas med **C** och enheten är **Farad (F)**.

Induktans:

Förhållandet mellan magnetiskt flöde och strömstyrka.
Betecknas med **L** och enheten är **Henry (H)**.

Reaktans:

Frekvensberoende motstånd.
Kan vara induktiv eller kapacitiv.
Betecknas med **X** och enheten är **Ohm (Ω)**.

Impedans:

Motstånd för växelström.
Betecknas med **Z** och enheten är **Ohm (Ω)**.

Sambandet mellan Impedans, Reaktans och Resistans kan beskrivas med hjälp av en Impedanstriangel.

Vid seriekoppling av resistor och kondensator eller induktans gäller:

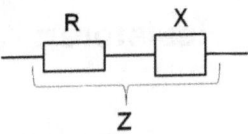

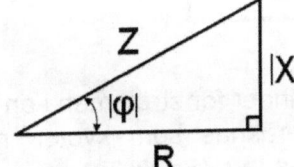

$$Z^2 = R^2 + |X|^2$$

Fasvinkeln $|\varphi|$ beräknas enl.: $\tan|\varphi| = \dfrac{|X|}{R}$

$|X|$ och $|\varphi|$ är positiva för induktiv reaktans (X_L) och negativa för kapacitiv reaktans (X_C).

Passiva komponenter:

Komponenteter som påverkar en signal utan yttre matningsspänning.

De vanligaste är Resistor, Kondensator och induktor eller spole.

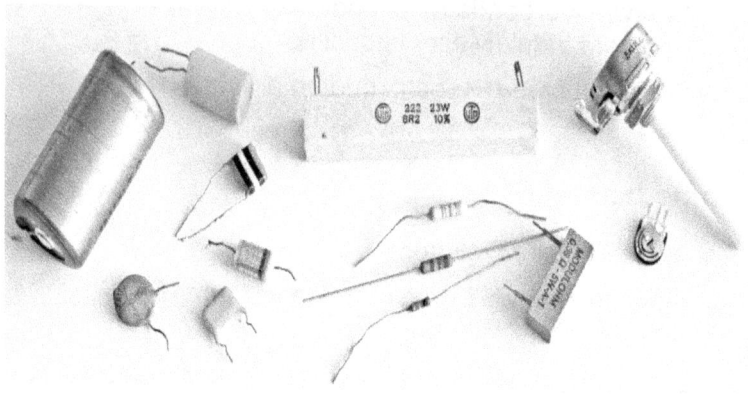

Resistorer:

Symbol för Resistor:

Resistor eller motstånd är ett hinder för strömmen i en krets. Storleken på detta hinder beräknas som kvoten mellan spänning och ström enligt **Ohms lag**. (Se sid 3)

En resistor har beteckningen **R** och enheten Ohm (**Ω**).

De vanligaste typerna av resistorer är Kolkomposit- Kolytskikt-, Metallfilm- och trådlindade.

Kolkomposit består av en kolstav med fastlödda anslutningar.

Kolytskikt består av ett keramiskt rör med ett ytskikt av kol.

Metallfilm liknar kolytskikt men kolet har ersatts med ett ytskikt av metall.

Trådlindade består av en tråd med hög resistivitet lindad på en stomme av keramik, glasfiber eller glas.

För att tillverka egna trådlindade resistorer eller vid beräkning av ledningsresistansen gäller formeln:

$$R = \rho \cdot \frac{l}{A}$$

Där ρ är resistiviteten, l är längden i meter och A är arean i mm^2

Resistiviteten är för   koppar är 0,0172
aluminium 0,027
silver 0,016

Ex.

En koppartråd som är 25 meter med en diameter d på 0,5 mm.

Arean blir [enl. $\pi * d^2 / 4$] = 0,2 mm^2

Resistansen blir då   0,0172 * 25 / 0,2 = 2,15 Ω

Standardserier:

Resistanser tillverkas i standardserier sk. E-serier. E192, E96, E48 osv. Framtagna av Electrical Industry Association (EIA)

E192 betyder att det finns 192 värden per dekad och E96 att det finns 96 värden per dekad.

I E192 serien är varje värde cirka $10^{1/192} \approx 1{,}01$ gånger större än föregående värde. I E96 serien är varje värde cirka $10^{1/96} \approx 1{,}02$ gånger större än föregående värde.

E96 innehåller vartannat värde av E192. E48 vartannat värde av E96 osv.

Märkning av resistorer:

Större resistorer märks oftast med värdet.

Antingen skrivs det i klartext eller också byts kommatecken ut med R för ohm, k för kohm och M för Mohm.

0R2 = 0,2 Ω
2k0 = 2,0 kΩ
20k = 20 kΩ
2M = 2,0 MΩ

Mindre resistorer märks oftast med **4** till **6** färgringar.
Vid **4** och **5** ringar är den sista ringen toleransen.

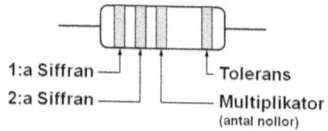

1:a Siffran — Tolerans
2:a Siffran — Multiplikator
(antal nollor)

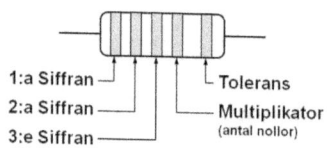

1:a Siffran — Tolerans
2:a Siffran — Multiplikator
3:e Siffran (antal nollor)

Vid **6** ringar är den **5**:e toleransen och den **6**:e temperaturkoefficienten.

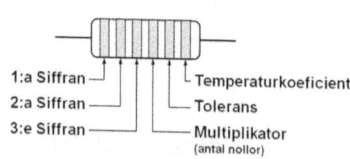

1:a Siffran — Temperaturkoeficient
2:a Siffran — Tolerans
3:e Siffran — Multiplikator
(antal nollor)

- 8 -

Ex:

Med 4 ringar

Röd – Svart – Röd – Guld = 2 0 x100 = 2 kohm och 5%

Med 5 ringar blir samma värde:

Röd – Svart – Svart – Brun – Guld (= 2 0 0 x10)

Färgkod för 4 ringar:

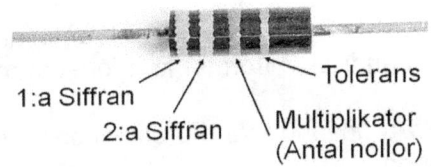

1:a Siffran
2:a Siffran
Tolerans
Multiplikator
(Antal nollor)

Färg	1:a Siffran	2:a Siffran	Multiplikator		Tolerans %
Svart	0	0	10^0	1	
Brun	1	1	10^1	10	1
Röd	2	2	10^2	100	2
Orange	3	3	10^3	1000	
Gul	4	4	10^4	10 000	
Grön	5	5	10^5	100 000	0,5
Blå	6	6	10^6	1 000 000	0,25
Violett	7	7	10^7	10 000 000	0,1
Grå	8	8			
Vit	9	9			
Guld			10^{-1}	0,1	5
Silver			10^{-2}	0,01	10

Potentiometer:

En potentiometer är ett reglerbart motstånd med tre anslutningar.

Symbol för Potentiometer:

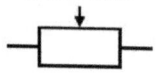

De två vanligaste modellerna är linjära och logaritmiska men även andra kurvformer kan förekomma.

Linjära används framförallt till spänningsdelning eller nivåjustering.
Logaritmiska inom audio, för t.ex. volymkontroll.

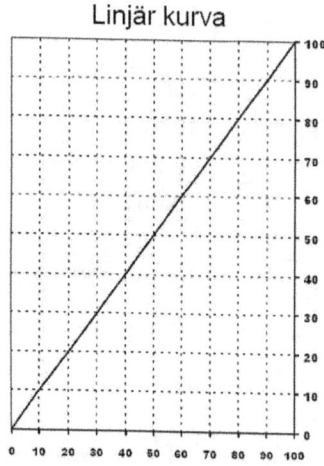
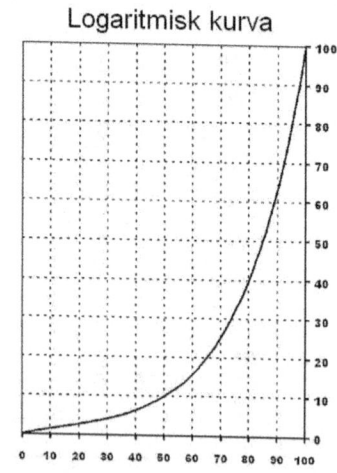

De vanligaste och billigaste typerna använder ett motståndsmaterial av kol. För mer krävande ändamål används cermet-, konduktiv plast- eller trådlindad bana.

Trådlindad tillverkas ofta för att användas vid högre effekter.

Potentiometrar tillverkas dubbla för t.ex. volymkontroll i stereoförstärkare. Flervarviga för noggrann signaljustering.

Reostat:

Är i princip ett justerbart motstånd. En potentiometer där endast ena ändanslutningen och mittuttaget används.

Principen för en reostat:

Trimpotentiometer:

Symbol för trim-
potentiometer:

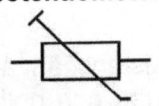 

De tillverkas med kol eller cermetbana. Kontakttrycket är betydligt högre än för vanlig potentiometer. Den har därför kortare mekanisk livslängd för antalet vridningar.

Även trimpotentiometrar finns i flervarvigt utförande för precisionsjustering av en signalnivå.

Termistor:

Termistorn har en temperaturberoende resistans. Den finns både med positiv och negativ temperaturkoefficient

Symbol för Termistor

PTC (positiv temperaturkoefficient) är en resistor vars resistans <u>ökar</u> vid stigande temperatur.

NTC (negativ temperaturkoefficient) är en resistor vars resistans <u>minskar</u> vid stigande temperatur.

PTC-motstånd används för t.ex. överströmsskydd och temperaturindikering.

NTC-motstånd används t.ex. för temperaturmätning och temperaturreglering.

Varistor:

Kallas även för **VDR** (Voltage Dependent Resistor).
När varistorspänningen överskrids sjunker resistansen kraftigt.
(Det förekommer även varistorer med stigande resistans.)

Symbol för Varistor

En varistor med sjunkande resistans änvänds som transientskydd. Den kopplas mellan fas och nolla eller plus och minuspol.

Fotomotstånd:

Kallas även för **LDR** (Light Dependent Resistor). Dess resistans varierar med mängden ljus. Högre ljusstyrka ger lägre resistans.

Symbol för LDR

Kondensator:

En kondensator blockerar för likström medan den släpper igenom en växelström.

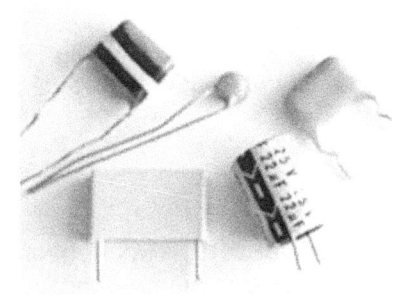

Likströmmen laddar dock upp kondensatorn, som under en korare tid kan fungera som ett batteri. Detta utnyttjas, dels för att filtrera en likspänning så kallad "glättning" i ett likspänningsaggregat, dels som backup till kretsar som kräver små strömmar.

En kondensator består av två plattor som är isolerade från varandra. Den kan laddas upp utan att elektroner hoppar över från den negativa till den positiva elektroden.

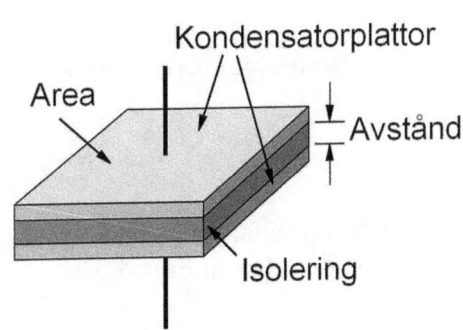

Det som bestämmer kapacitansen är arean och avståndet mellan elektroderna. Större area och större avstånd ger högre kapacitans.

Isolermaterialet mellan plattorna kallas för dielektrikum. Det material som används ger kondensatortypens namn t.ex. keramisk, plast, papper eller aluminiumoxid (elektrolytkondensator).

De flesta kondensatorer är opolariserade. Vilket betyder att de kan kopplas i valfri riktning.

Symbol för "vanlig" eller opolariserad kondensator: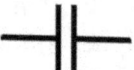

Polariserade kondensatorer, elektrolytkondensatorer har en plus och en minuspol.

OBS!
Det är mycket viktigt att Elektrolytens polaritet vänds rätt. Vänds polariteten fel förstörs, eller i värsta fall kan den explodera.

Symbol för elektrolytkondensator: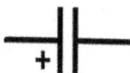

En kondensator har beteckningen **C** och enheten är Farad (**F**).

Den har en frekvensberoende resistans som kallas **Kapacitiv Reaktans (X_C)**. Högre frekvens ger lägre värde.

X_C kan beräknas med formeln:

$$X_C = \frac{1}{2 \cdot \pi \cdot f \cdot C}$$

f = frekvensen i **Hz**, **C** = kapacitansen i **F** och X_C = reaktansen i Ω

Kondensatorn ger en fasförskjutning mellan ström och spänning där **strömmen ligger 90° före spänningen**.

Kondensatorer används som kopplingskondensatorer för att blockera likspänning och släppa fram växelspänning.
I filter och resonanskretsar. I tidskretsar där kondensatorns upp och urladdningstider utnyttjas.
För glättning i likspänningsaggregat. Där kondensatorn lagrar energi för att få en jämn likspänning.

Trimkondensator:

Symbol för trimkondensator:
(Båda symbolerna förekommer)

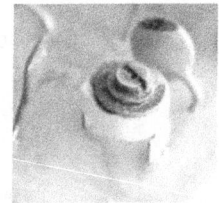

För finjustering av kapacitansen i t.ex. en oscillator.

Vridkondensator:

Symbol för vridkondensator:

Används för t.ex. frekvensväljare i en radioapparat.

Induktor:

Kallas även för spole eller drossel. Den består som regel av koppartråd som lindats tätt ihop, frilindad eller på en kärna.

Växelverkan mellan ström och magnetflöde kallas spolens Induktans. Storleken beror på antalet lindningsvarv och strömstyrkan.

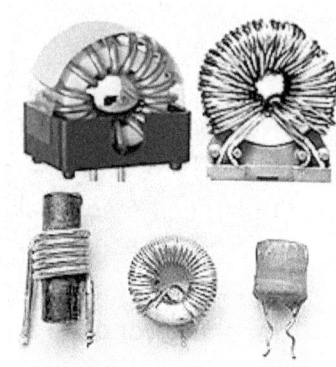

När strömstyrkan ökar, ökar också magnetflödet runt spolen

En kärna ökar induktansen. De vanligaste materialen är då ferrit eller järnpulver.

Symbol för frilindad induktor:

—⟨₀₀₀₀₀₀₀₀₀⟩—

Symbol för induktor på kärna:

—⟨₀₀₀₀₀₀₀₀₀⟩—

Induktanser har beteckningen **L** och enheten är Henry (**H**).

Den har en frekvensberoende resistans som kallas **Induktiv Reaktans (X_L)**.

Högre frekvens ger högre värde.

X_L kan beräknas med formeln:

$$X_L = 2 \cdot \pi \cdot f \cdot L$$

f = frekvensen i **Hz**, **L** = Induktansen i **H** och
X_L = reaktansen i Ω

Induktorn ger en fasförskjutning mellan ström och spänning där **strömmen ligger 90° efter spänningen**.

En induktors egenskap är att motverka förändringar i den ström som går genom den.
Detta genom att en motriktad spänning alstras i spolen, kallad elektromotorisk kraft (emk) som är direkt proportionell mot strömförändringen.

Ju högre frekvens ju högre motstånd uppvisar induktorn. Likström släpps därför igenom utan att bromsas.

Man försöker att undvika induktorer i elektronikkretsar då den inte är lika ideal som motstånd och kondensatorer.

Den har även en ren resistans i spolens lindning som oftast ej är försumbar.
Den kan även bli ganska stor och klumpig komponent på kretskortet.

Induktorer används till passiva eller avstämda filter och i svängningskretsar, för att välja ut eller blockera vissa frekvenser.

För likströmsfiltrering och lagring av energi. I t.ex. switchande nätaggregat för att filtrera bort högfrekventa störningar.
Även för filtrering av likspänning eller lågfrekvent växelspänning i vanliga nätaggregat.

Serie och Parallellkoppling:

Resistorer:

Seriekoppling:

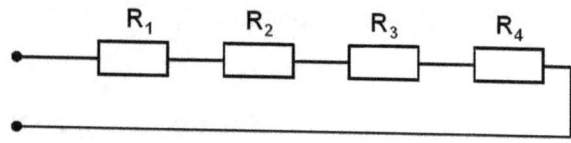

$$R = R_1 + R_2 + R_3 + R_4$$

Exempel:

Seriekoppla 3 st resistorer. 10 kΩ, 2,2 kΩ och 500 Ω.

R = 10 + 2,2 + 0,5 (**Obs!** De måste skrivas i samma prefix, i detta fall kΩ)   R = 12,7 kΩ

Parallellkoppling:

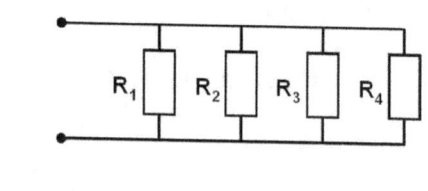

$$\frac{1}{R} = \frac{1}{R_1} + \frac{1}{R_2} + \frac{1}{R_3} + \frac{1}{R_4}$$

Exempel:

Parallellkoppla 3 st resistorer. 1 kΩ, 1 kΩ och 500 Ω.

$$\frac{1}{R} = \frac{1}{1000} + \frac{1}{1000} + \frac{1}{500}$$

För att få en gemensam nämnare (1000) kan det skrivas:

$$\frac{1}{R} = \frac{1}{1000} + \frac{1}{1000} + \frac{2}{1000}$$

Detta ger: $\frac{1}{R} = \frac{4}{1000}$ R = 250 Ω

Parallellkoppling av 2 resistorer:

$$R = \frac{R_1 \cdot R_2}{R_1 + R_2}$$

Exempel:

Parallellkoppla 2 st resistorer. 500 Ω och 500 Ω.

$$R = \frac{500 \cdot 500}{500 + 500} \qquad R = 250\ \Omega$$

Kondensatorer:

Parallellkoppling:

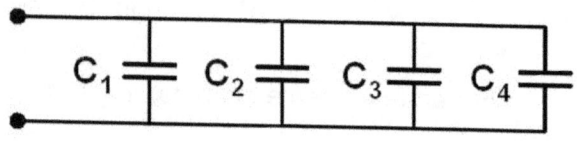

$$C = C_1 + C_2 + C_3 + C_4$$

Exempel:

Parallellkoppla 3 st kondensatorer $3{,}3\,\mu F$, $5\,\mu F$ och $10\,\mu F$.

$C = 3{,}3 + 5 + 10 \qquad C = 18{,}3\,\mu F$

Seriekoppling:

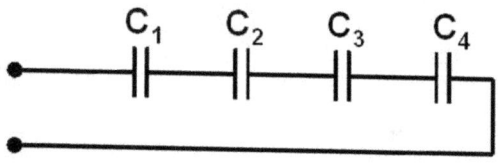

$$\frac{1}{C} = \frac{1}{C_1} + \frac{1}{C_2} + \frac{1}{C_3} + \frac{1}{C_4}$$

Exempel:

Seriekoppla 3 st kondensatorer 5 µF, 5 µF och 10 µF

$$\frac{1}{C} = \frac{1}{5} + \frac{1}{5} + \frac{1}{10}$$

För att få en gemensam nämnare (10) kan det skrivas:

$$\frac{1}{C} = \frac{2}{10} + \frac{2}{10} + \frac{1}{10}$$

Detta ger: $\frac{1}{C} = \frac{5}{10}$ $C = 2\ \mu F$

Seriekoppling av 2 kondensatorer:

$$C = \frac{C_1 \cdot C_2}{C_1 + C_2}$$

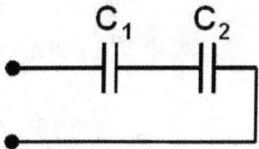

Exempel:

Seriekoppla 2 st kondensatorer. 5 µF och 5 µF

$$C = \frac{5 \cdot 5}{5 + 5} \qquad C = 2{,}5\ \mu F$$

Induktanser:

Serie- och parallellkoppling beräknas som för resistorer:

$$L = L_1 + L_2 + L_3 + \ldots$$

$$\frac{1}{L} = \frac{1}{L_1} + \frac{1}{L_2} + \frac{1}{L_3} + \ldots$$

Viktigt att tänka på:

När man beräknar serie eller parallellkopplingar är det viktigt att alla värden har samma prefix.

Ω, kΩ och MΩ för resistorer, F, µF, nF och pF för kondensatorer samt H, mH och µH för induktanser.

Ex. Vid parallellkoppling av 2 st resistorer på 10kΩ

$$R = \frac{10 \cdot 10}{10 + 10} \qquad R = 5 \text{ k}\Omega$$

Vid samma koppling där det ena är 10kΩ och det andra 100Ω. Måste man tänka på att ha värdena i samma prefix. Antingen i Ω eller i kΩ. (100Ω = 0,1kΩ eller 10kΩ = 10 000Ω)

$$R = \frac{10 \cdot 0,1}{10 + 0,1} \qquad R = \frac{10\,000 \cdot 100}{10\,000 + 100}$$

$$R = 0,099\text{k}\Omega \ (99\Omega) \qquad R = 99\Omega$$

RC-Filter:

Lågpassfilter:

Ett lågpassfilter dämpar signalens amplitud (**A**) med **20 dB/dekad** vid frekvenser över brytpunkten f_0

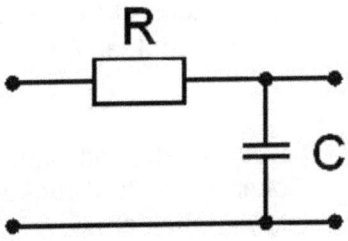

Gränsfrekvensen vid brytpunkten beror på värdet av **R** och **C** och beräknas enligt:

$$f_0 = \frac{1}{2*\pi*R*C}$$

20dB/dekad betyder att amplituden minskar **10** gånger mellan t.ex. frekvenserna 10 och 100 kHz. (**20** gånger **Log** för skillnaden mellan **UT** och **IN** signalen)

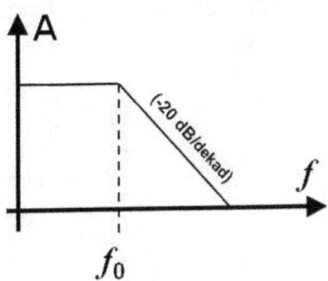

Exempel:

R = 10 kΩ och C = 1 nF

f_0 = 15,9 kHz

$$f_0 = \frac{1}{2*\pi*10^4 *10^{-9}}$$

Högpassfilter:

Ett högpassfilter dämpar signalens amplitud (**A**) med **20 dB/dekad** vid frekvenser under brytpunkten f_0.

Det betyder att amplituden ökar med **20dB/dekad** upp till brytpunkten.

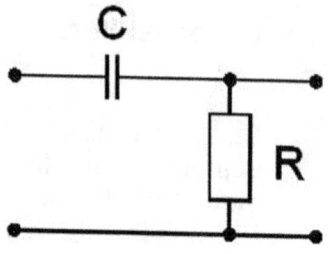

Gränsfrekvensen vid brytpunkten beror på värdet av **R** och **C** och beräknas enligt:

$$f_0 = \frac{1}{2*\pi*R*C}$$

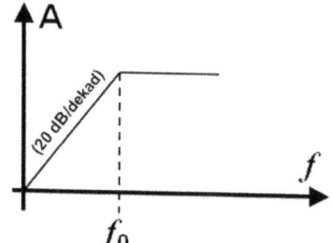

Exempel:

R = 100 kΩ och C = 1 nF

f_0 = 1,59 kHz

$$f_0 = \frac{1}{2*\pi*10^5*10^{-9}}$$

Bandpassfilter:

Om ett högpass- och lågpassfilter kopplas i serie skapas ett bandpassfilter.

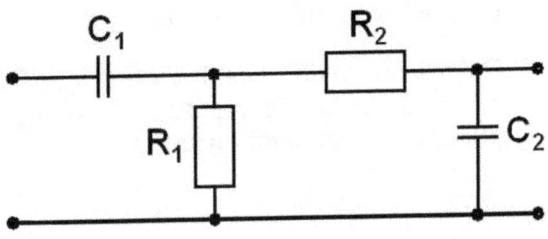

Signalens amplitud (**A**) kommer att dämpas med **20dB/dekad** Både för höga och låga frekvenser.

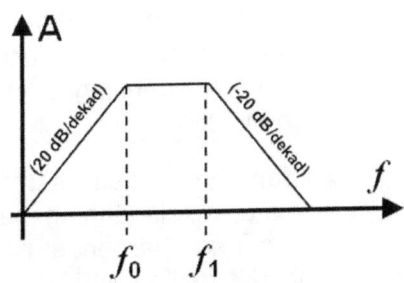

R_1 och C_1 bestämmer den undre brytpunkten f_0.

$$f_0 = \frac{1}{2*\pi*R_1*C_1}$$

R_2 och C_2 bestämmer den övre brytpunkten f_1.

$$f_1 = \frac{1}{2*\pi*R_2*C_2}$$

Transformator:

En transformator omvandlar växelspänning och växelström mellan olika nivåer med hjälp av elektromagnetisk induktion.

En transformator består i princip av tre delar. Primär och sekundärlindning samt en kärna.

Symbol för transformator med två lindningar

Om man lägger på en växelspänning eller pulserande likspänning (ren likspänning fungerar inte) på primärlindningen skapas ett magnetfält i kärnan. Detta magnetfält inducerar sedan en spänning i sekundärlindningen.

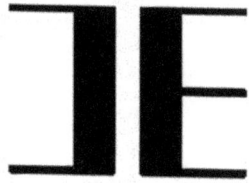
Symbol för transformator med mittuttag

Man kan på detta sätt transformera växelspänning både upp och ned, beroende på förhållandet mellan antalet lindningsvarv i primär resp. sekundärsida.

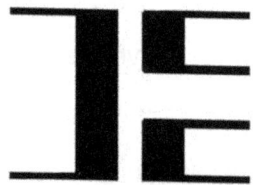
Symbol för transformator med tre lindningar

Förhållandet mellan spänningen och lindningsvarv är:

$$\frac{U_P}{U_S} = \frac{n_P}{n_S}$$

U_P = Primärspänning
U_S = Sekundärspänning
n_P = Primärsidans varvtal
n_S = Sekundärsidans varvtal

Om man bortser från förluster är det samma effekt på både primär- och sekundärsida. Detta betyder att vid transformering till en lägre spänning kan man ta ut en högre ström.

De vanligaste transformatorerna är av E- eller EI kärna och Toroidkärna.

EI kärnan består av staplade plåtar som klippts till formen av ett E och ett I. Spolen ligger på mittenbenet för att det mesta av magnetfältet ska samlas kring detta.

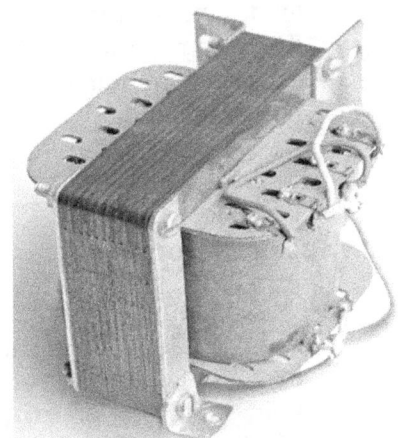

EI-kärna

Toroidkärnan är ringformad och består av järnpulver, ferrit eller plåtar. Den har mindre läckfält och högre verkningsgrad.

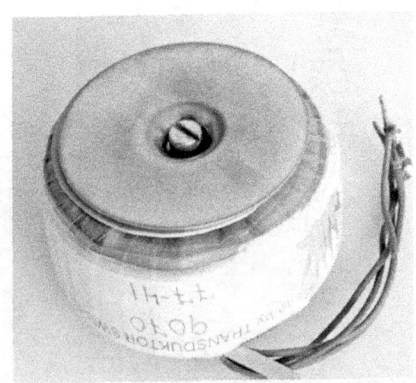

Toroid-kärna

Nättransformator:

Är beräknad för en maximal effekt som inte får överskridas.
Den ska ha låga lindningsresistanser för att inte orsaka för stora spänningsfall samt en kärna med tillräcklig storlek för att inte mättas.
För att inte riskera nätspänning i efterföljande krets bör en transformator med skilda primär- och sekundärlindningar användas.

Spartransformator:

Har gemensam primär- och sekundärlindning. Det betyder att in och utgång **inte** är galvaniskt åtskilda.
Man får vara försiktig, om den används som nättrafo, då ena anslutningen är gemensam för båda sidor.
Man kan få full nätspänning mot jord, på sekundärsidan.

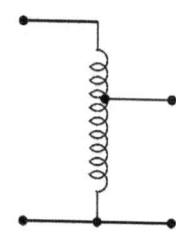

Fulltransformator:

Har skilda primär- och sekundärlindningar. De är helt isolerade från varandra, vilket gör den lämplig som nättrafo.

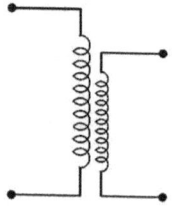

Vridtransformator:

Är oftast en spartransformator där ena sekundäranslutningen är rörlig. Det medför en steglös reglering av utspänningen.

Inkoppling av Nättrafo:

Anslutning av en trafo med två lindningar, en primär- och en sekundärlindning, borde inte vara något problem. Primärsidan till elnätet och sekundärsidan till ev. likriktare eller annan utrustning.

En variant på denna har tre eller flera anslutningstrådar på sekundärsidan, på en gemensam lindning.

Här får man högst spänning mellan **A-C** medan **A-B** brukar vara halva värdet. Den totala effekten delas mellan anslutningarna.

En trafo med två eller flera sekundärlindningar är dessa galvaniskt åtskilda från varandra. Man får en spänning mellan **A-B** och en mellan **C-D**. Effekten delas mellan lindningarna.

Utgångarna kan seriekopplas för att få en högre spänning. Tänk då på lindningarna "polaritet", den kan vara märkt med en punkt eller färgmärkning enl. tillverkaren.

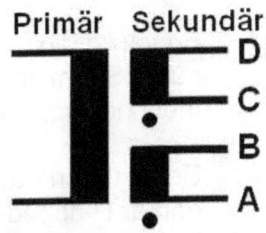

Vid parallellkoppling för att öka strömuttaget måste spänningarna vara exat lika. Även här måste man tänka på "polariteten".

Aktiva komponenter:

Komponenteter som behöver någon form av matningsspänning.

De vanligaste är Dioder, Transistorer och Integrerade kretsar.

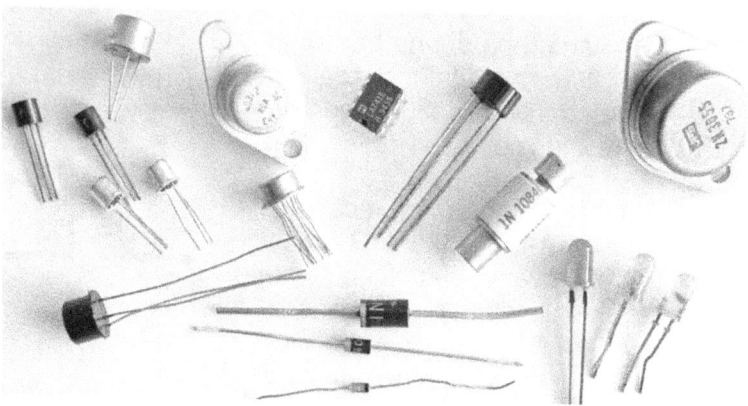

Dioder:

En vanlig diod har två elektroder, anod (plus) och katod (minus). Ström kan flyta från anod till katod (framriktningen) men inte tvärtom.

De är tillverkade av kisel (Si) eller germanium (Ge). Ena sidan är P-dopad och den andra är N-dopad. Skiktet däremellan kallas för PN-övergång

Symbol för en "vanlig" Diod: ─▷|─

Anod   Katod

Dioderna är ofta märkta med en ring vid katoden.

Katod

Kiseldiod:

Är den vanligaste dioden idag. Småsignaldioder börjar leda när spänningen över elektroderna överstiger ca 0,7 V.
Kraftdioder börjar leda vid ca 1 V.

Om backspänningen överskrids kan dioden förstöras.

Germaniumdiod:

En föregångare till kiseldioden. Den börjar leda när spänningen över elektroderna överstiger ca 0,2 - 0,5 V.

Fotodiod:

Fotodioden har en lins över den ljuskänsliga PN övergången. Detta gör att resistansen i backriktningen minskar ju starkare ljuset är.

Symbol för Fotodiod

En ström (I_L) kan då flyta i diodens backriktning.
Strömmens storlek regleras av infallande ljus och yttre belastning (R_L).

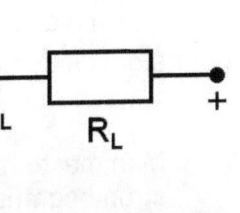

Fotodioder tillverkas för både synligt och osynligt (IR) ljus.

Används som ljusmätare, fjärrkontroller, solceller m.m.

Kapacitansdiod:

Fungerar i backriktningen som en spänningsstyrd kapacitans. Kapacitansen ökar när spänningen minskar.

Används i **PLL** (Phase Locked Loop) och **FLL** (Frequency Locked Loop) –kretsar.

Symbol för Kapacitansdiod

Lysdiod:

LED (Light Emitting Diod) eller lysdiod är en speciell typ av diod. När en likström flyter genom dioden i framriktningen avger den ljus. Vilken färg ljuset har beror på vilket material dioden är tillverkad av.

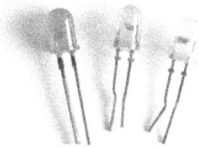

Ljusstyrkan bestäms av strömmen genom den, (inte spänningen). Framspänningen (U_f) varierar mellan ca 1,8 V till ca 3,6 V beroende på vilken färg det är. Om den maximala strömmen (I_f) överskrids förstörs dioden.

Symbol för Lysdiod

Man måste ha någon form av strömbegränsning till lysdioden.

Det enklaste är att koppla en resistor i serie med dioden.

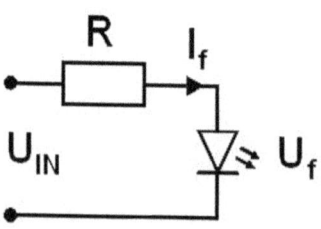

Resistansen **R** kan beräknas enl.

$$R = \frac{U_{IN} - U_f}{I_f}$$

R = Ω, U = V och I = A

Lysdioder märks oftast genom att kanten är avfasad vid katoden. Eller att anslutningsbenet är längre på katodsidan.

Exempel:

En röd lysdiod skall kopplas in till en matningsspänning på 12V.

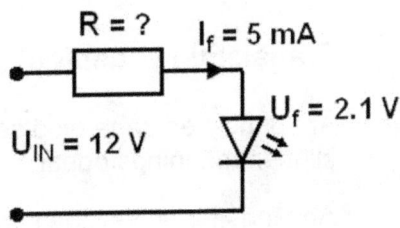

Spänningsfallet är 2,1 V.

Strömmen har valts till 5mA.

R beräknas enligt formeln: $R = \frac{U_{IN} - U_f}{I_f}$

$$R = \frac{12 - 2{,}1}{5 * 10^{-3}}$$

R blir då ca 2 kΩ (1,98)

Optokopplare:

Den är en kombination av ljussändare och detektor.
Används för att överföra signaler mellan olika steg som skall vara galvaniskt åtskilda.

Symbol för Optokopplare

Schottkydiod:

En snabbare variant av diod då saknar minoritetsbärare i PN-övergången.
Framspänningsfallet är ca 0,4 V.

Symbol för Schottkydiod

Transientskyddsdiod:

Är i princip en zenerdiod som (kopplas i backriktningen) klipper spänningstoppar.

Används för att skydda komponenter och system för tillfälliga spänningstoppar.

Zenerdiod:

En zenerdiod fungerar som en vanlig diod i framriktningen.

I backriktningen har den en väl definierad så kallad zenerspänning, den leder även i backriktningen när denna spänning överskrids.

Symbol för Zenerdiod

Zenerdioden änvänds alltså i backriktningen för t.ex. spänningsstabilisering eller som referens.

Man måste lägga ett motstånd i
serie med zenerdioden, för att
begränsa strömmen

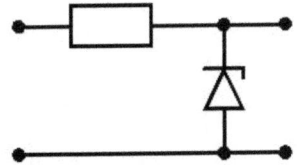

Zenerdiod för spänningsstabilisering:

När man använder en zenerdiod för spänningsstabilisering måste en resistor **R** läggas i serie med dioden för att begränsa strömmen.

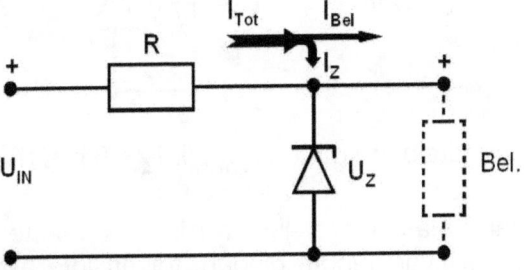

När ingen belastning är inkopplad går hela strömmen (I_{Tot}) genom dioden. Vid inkopplad belastning går en del av strömmen (I_{Bel}) genom belastningen och en del (I_Z) genom dioden.

Den maximala strömmen I_{Tot} begränsas av den maximala ström som zenerdioden tål.

Spänningsfallet över R blir $U_{IN} - U_Z$

R blir då enligt ohms lag: $$R = \frac{U_{IN} - U_Z}{I_{Tot}}$$

$R = \Omega$, $U = V$ och $I = A$

Exempel:

En spänning skall stabiliseras till 4,7 V.
Inkommande spänning är 12 V.
Belastningsströmmen varierar mellan 2 och 8 mA.

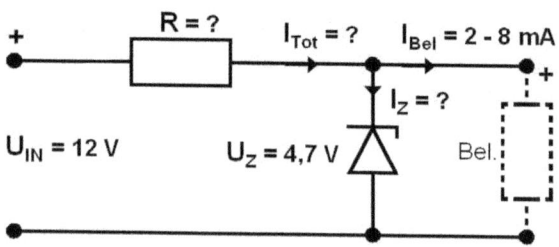

Den totala strömmen I_{Tot} blir I_Z + 8 mA (I_{Bel}).

När belastningen ligger på max måste det finnas en ström kvar genom dioden, för att inte äventyra stabiliteten.
Välj I_Z till 2 mA. I_{Tot} blir då 10 mA. (10^{-2} A)

R beräknas enligt formeln: $$R = \frac{U_{IN} - U_Z}{I_{Tot}}$$

Detta ger: $R = \dfrac{12 - 4,7}{10^{-2}}$ $R = 730 \, \Omega$

Likriktare:

För att omvandla en sinusformad växelström till likström används en likriktare.

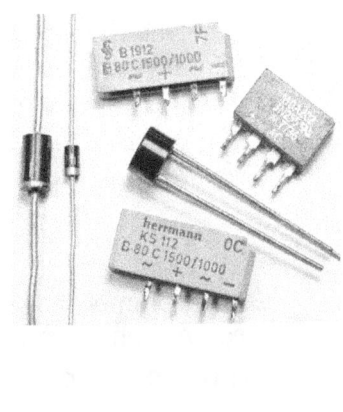

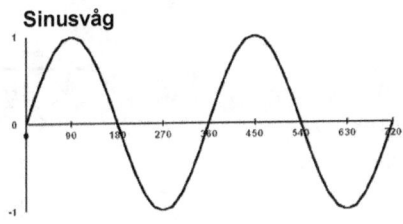

Denna kan utgöras av en ensam diod, halvvågslikriktare, eller flera dioder i en bryggkoppling, helvågslikriktare.

Vid halvvågslikriktning av en sinusvåg använder man i princip bara ena halvan, vilket ger en mycket ojämn likspänning.

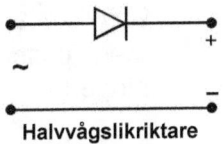

Halvvågslikriktare

Den likriktade spänningen U_L vid halvvågslikriktning blir:

$U_L = û / \pi$ û = Pulsens toppspänning

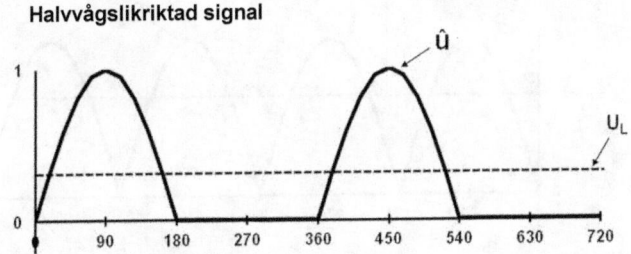

Vid helvågslikriktning av en sinusvåg använder man båda "halvorna", vilket ger en bättre likspänning.

Helvågslikriktare

Växelströmmen passerar växelvis in genom dioderna D_1 och D_2 och skapar då likspänningens positiva sida.

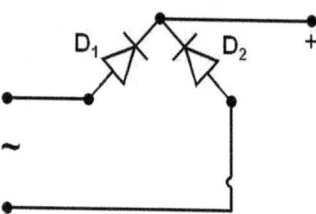

Den negativa sidan får man genom D_3 och D_4 då strömmen passerar i andra riktningen.

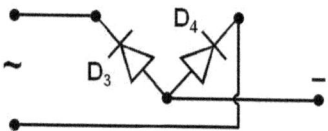

Den likriktade spänningen U_L vid helvågslikriktning blir:

$$U_L = 2û / \pi$$

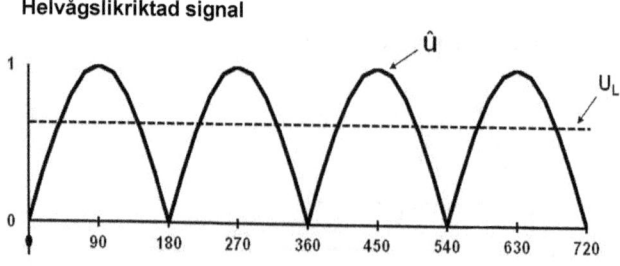

I båda dessa likriktare får man en pulserande likström så kallat rippel.

För att minska detta rippel kan man koppla in en kondensator C (glättningskondensator) parallellt över utgången.

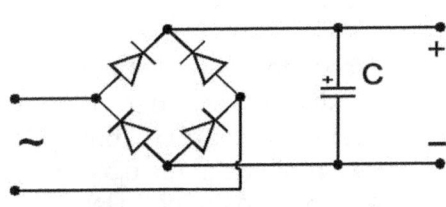

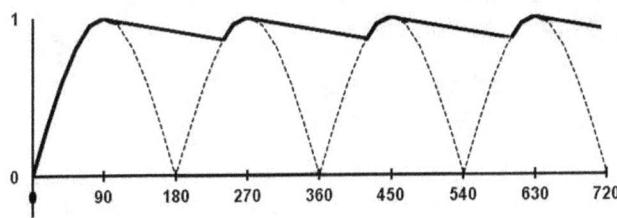

Kondensatorn laddas då upp av den uppåtgående pulsen och försöker sedan "hålla" kvar spänningen tills nästa puls kommer.

Kondensatorns storlek beror på vilken ström som likriktaren skall leverera. Större ström, större kondensator.

Den likriktade spänningen blir här nästan lika stor som toppspänningen.

$$U_L \approx \hat{u}$$

Symbol för en likriktarbrygga: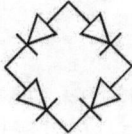

Transistorer:

Transistorn är en form av styrbar ventil där utspänning eller utström kan regleras med hjälp av en inspänning eller inström.

Det finns två huvudtyper av transistorer, bipolära och unipolära.

De tillverkas av Germanium (Ge) eller Kisel (Si).

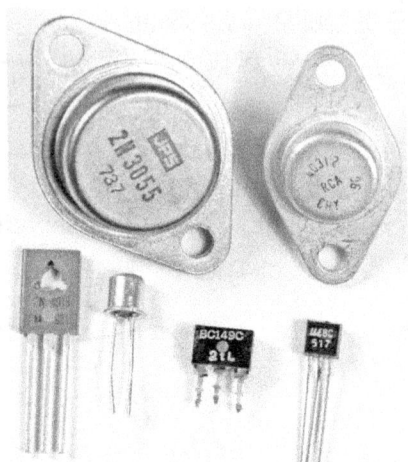

Bipolära transistorer:

Den är uppbyggd av **Kollektor (C)**, **Bas (B)** och **Emitter (E)**.

När spänningen över bas och emitter överstiger ca 0,7 V för kisel och ca 0,4 V för germanium, börjar en ström flyta mellan bas och emitter.

Den styr sedan strömflödet mellan kollektor och emitter. Den är alltså strömstyrd.

Symbol för NPN transistor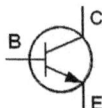

Det finns två olika polariteter, NPN och PNP. Där N står för N-dopat och P för P-dopat material.

Symbol för PNP transistor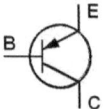

De vanligaste är småsignal- och effekttransistorer.

Småsignal är optimerad för lågt brus eller hög frekvens. Effekttransistorer skall klara höga effekter i kombination med hög ström eller hög spänning.

Viktiga parametrar är:

I_C = Max kollektorström.

U_{CE} = Max spänning mellan kollektor och emitter.

h_{FE} eller β = Strömförstärkningsfaktorn.

P_{tot} = Max förlusteffekt.

Kollektorströmmen I_C = basströmmen I_B multiplicerat men strömförstärkningsfaktorn h_{FE}.

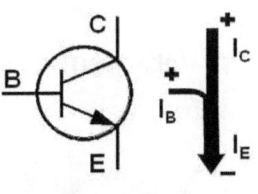

Strömflöde i en NPN transistor

$$I_C = I_B * h_{FE}$$

$$P_{tot} = U_{CE} * I_C$$

$$I_E = I_C + I_B$$

Strömflöde i en PNP transistor

OBS!
Strömriktningen mellan bas och emitter är olika för NPN och PNP transistorer.

Tre vanliga grundkopplingar är:

GE = gemensam emitter.

GK = gemensam kollektor.

GB = gemensam bas.

Koppling	Inresistans	Utresistans	Förstärkn.	Fas
GE	Hög	Hög	Hög	180°
GK	Mycket hög	Mycket låg	1	0°
GB	Mycket låg	Hög	Hög	0°

GE-steg:

Är den vanligaste kopplingen. Den används framförallt till signalförstärkning.

I ett **GE** steg sjunker utsignalen om insignalen stiger. Det har en fasvridning på 180°.

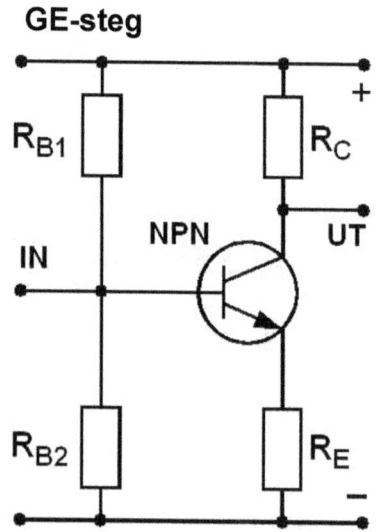

GE-steg

GK-steg:

Är lämpligt som utgångssteg eller effektsteg, då det har låg utresistans och förstärkning = 1

I ett **GK** steg stiger utsignalen om insignalen stiger. Det har en fasvridning på 0°.

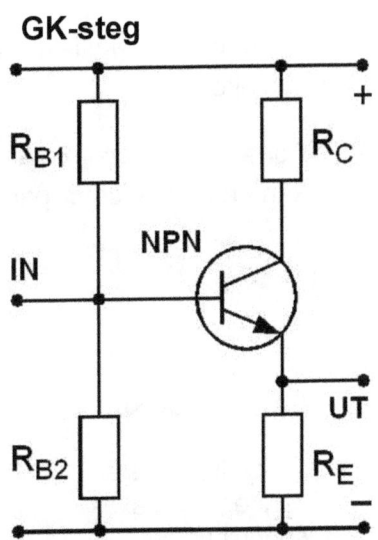

GK-steg

GB-steg:

Används där det krävs låg inresistans, t.ex. i känsliga mikrofoner eller i högfrekvensförstärkare.

I ett **GB** steg stiger utsignalen om insignalen stiger. Det har en fasvridning på 0°.

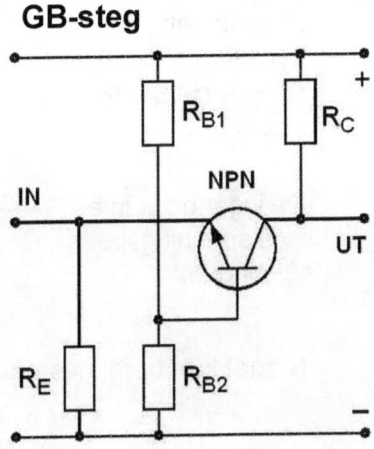

GB-steg

Resistanserna R_{B1} och R_{B2} är till för att ge basen rätt spänningsnivå eller arbetspunkt (ca 0,7 V bas - emitter för kisel).

R_C begränsar kollektorströmmen och R_E är till för att öka stabiliteten.

För att öka signalförstärkningen i ett G_E-steg (ej likspänning) kan en kondensator parallellkopplas över R_E.

GE-Förstärkare:

Ett typiskt förstärkarsteg för växelspänning med en bipolartransistor.

Kopplingen liknar grundkopplingen- enligt föregående, förutom att kondensatorerna C_1, C_2 och C_3 har tillkommit.

De ingår dock inte i likspänningsberäkningen.

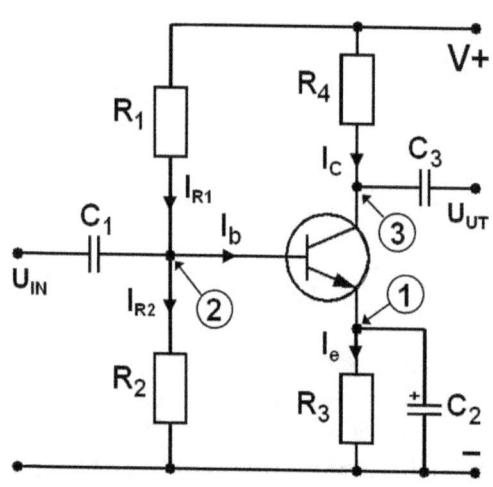

Steget kan beräknas på olika sätt, här beskrivs ett.

Resistansen R_3 är till för att öka temperaturstabiliteten.

Om spännigen i punkt ① sätts till 1V kommer spänningen i punkt ② att bli 1V plus spänningen mellan bas och emitter 0,7 V, vilket ger 1,7V.

För att få en stabil matning av I_b kan I_{R1} sättas till tio gånger I_b. Bortse från basströmmen och antag att I_{R1} och I_{R2} är lika.

Nu kan R_1 och R_2 beräknas enligt:
$$R_1 = \frac{(V+) - 1,7}{10\,I_b} \qquad R_2 = \frac{1,7}{10\,I_b}$$

Spänningen i punkten ③ bör sättas till halva V+. Samt anta att I_C och I_e är lika.

Nu kan värdet på R_4 och R_3 beräknas:
$$R_4 = \frac{V+}{2\,I_C} \qquad R_3 = \frac{1}{I_C}$$

Kondensatorerna C_1 och C_3 spärrar för likspänning på in och utgång.

C_2 kortsluter signalmässigt R_3 för att ge max förstärkning.

Ut och ingångsresistanserna i kretsen blir:
$$R_{UT} = R_4 \qquad R_{IN} = \frac{R_1 R_2}{R_1 + R_2}$$

Utgångssignalen kommer att vara i motfas till ingången. 180°

Detta är endast ett förslag till hur förstärkarsteg beräknas i praktiken.

Darlingtontransistorer:

Är i princip två stycken transistorer i samma kapsel.
Detta gör att strömförstärkningsfaktorn ökar.

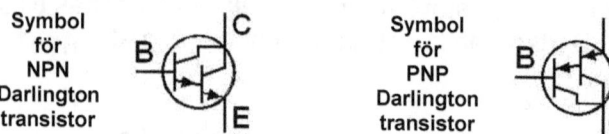

Symbol för NPN Darlington transistor

Symbol för PNP Darlington transistor

Unipolära transistorer:

Fält-effekt-transistor (**FET**) är, till skillnad från bipolära, helt spänningsstyrda.

De kan delas in i två vanligaste grupperna. **JFET** (Junction - FET) och **MOSFET** (Metal Oxide Semiconductor –FET).

En **JFET**-transistor tillverkas i **N**-kanal eller **P**-kanal där **N** är den vanligaste.

Symbol för JFET N-kanal transistor

Den är att likna vid ett vattenrör där strömmen flödar fritt mellan **D**rain (tillopp) och **S**ource (avlopp). **G**ate blir då strypventilen som reglerar flödet.

Symbol för JFET P-kanal transistor

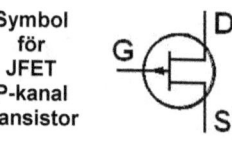

Vilken anslutning man kallar för **D** eller **S** har inte så stor betydelse då strömmen flyter lika bra åt båda hållen.

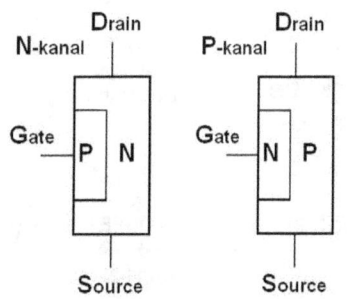

För att strypa en **N**-kanal lägger man på en **negativ** spänning på Gate i förhållande till Source.

Ett vanligt värde är ca -2 V för full strypning.

För en **P**-kanal är det en **positiv** spänning på Gate i förhållande till Source.

Ett typiskt förstärkarsteg med en JFET av N-typ. Detta liknar GE-steget för en bipolartransistor men har betydligt högre ingångsresistans. JFET kan i många fall ersätta "vanliga" transistorer med en viss modifiering av kretsen.

R_1 är här till för att ingångskondensatorn och transistorns ingång ska laddas ur ordentligt.

R_2 ser till att **G** får en negativ likspänning i förhållande till **S**.

Kondensatorerna C_1 och C_3 håller likspänningen borta från in och utgång.

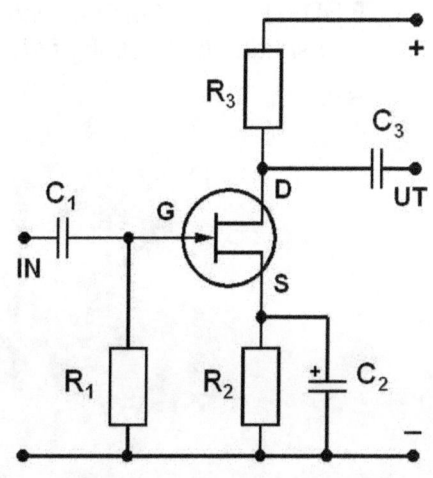

C_2 avkopplar R_2 så att signalförstärkningen blir maximal.

Utsignalen kommer att ha en fasvridning på 180°.

MOSFET transistorer fungerar på samma sätt som JFET.

Ingångsresistansen är dock betydligt högre, i storleksordningen 100 MΩ.

Detta gör att man kan betrakta styrelektroden som isolerad.

Symbol för MOSFET N-kanal transistor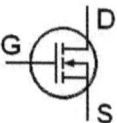

Symbol för MOSFET P-kanal transistor

OBS!

Man måste hantera en MOSFET ytterst varsamt.

ESD *(Electro Static Discharge) elektrostatisk urladdning kan skada all utrustning i MOS-teknik.*

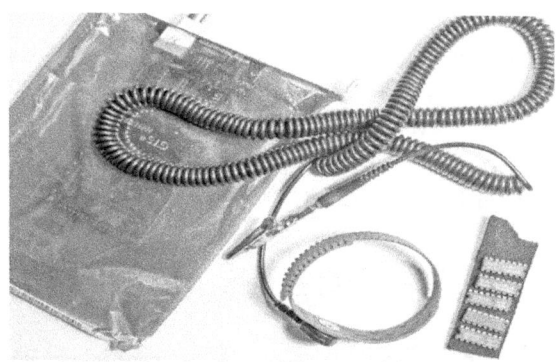

*Använd endast **ESD** skyddade verktyg och utrustning så som handledsband ,lödkolv, tänger och förvaringspåsar.*

Operationsförstärkare (OP-förstärkare):

En operationsförstärkare är en integrerad krets, innehållande en komplett förstärkare.

Endast ett fåtal yttre komponenter krävs för att den ska bli en fullt fungerande signalförstärkare.

En operationsförstärkares ingång är uppbyggd som en differentialförstärkare med två ingångar

En plus (+) och en minus (-).

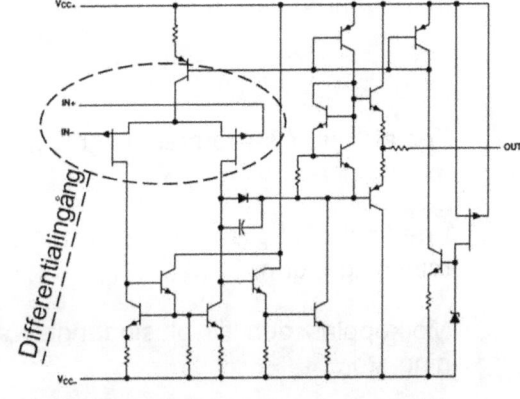

Principschema för en OP-förstärkare (TL071)
Ingången markerad.

Skillnaden mellan plus- och minusingången förstärks och skickas till utgången.

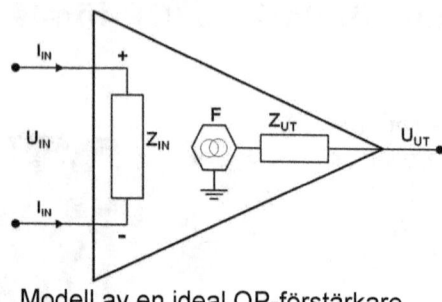

Modell av en ideal OP-förstärkare

När den betraktas som en ideal operationsförstärkare ska:

Förstärkningen vara oändlig $F = \infty$

Inimpedansen vara oändlig $Z_{IN} = \infty$

Utimpedansen vara noll $Z_{UT} = 0$

Inströmmen $I_{IN} = 0$

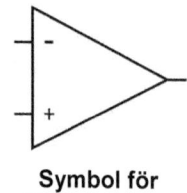

Symbol för OP-förstärkare

För att anpassa förstärkningen till önskad nivå, måste den motkopplas.

I de flesta fall görs detta med hjälp av yttre komponenter till minusingången.

Motkopplas den till plusingången är risken för självsvängning stor.

Det finns två grundkopplingar som det kan vara bra att känna till.

1. **Inverterande förstärkare**

2. **Icke- Inverterande förstärkare**

Inverterande förstärkare:

Här kommer signalen in på minusingången och även motkopplingen sker till minusingången.

Om vi antar att det är en ideal förstärkare, är inströmmen noll.

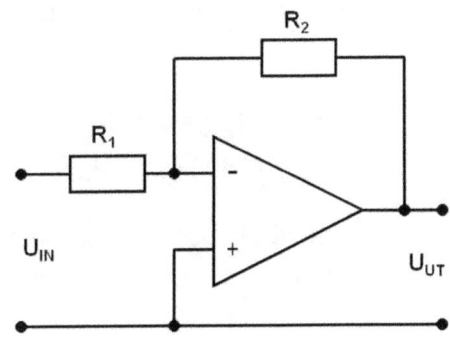

Detta betyder att båda ingångarna har samma potential.

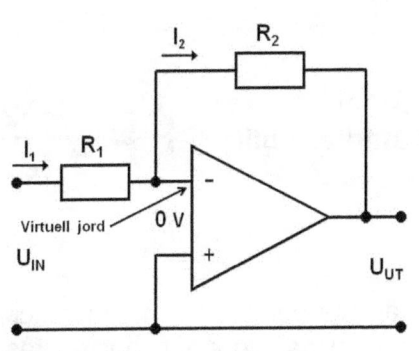

Minusingången kallas därför för virtuell jord.

Detta betyder i sin tur att inspänningen U_{IN} kommer att ligga över R_1.

Då blir $R_1 = R_{IN}$.

Inspänningen U_{IN} kommer då att ge upphov till en ström I_1 genom R_1.

Eftersom det inte gick någon ström till förstärkarens minusingång måste strömmen I_1 fortsätta genom R_2.

Strömmen I_2 blir då. $\quad I_2 = \dfrac{0 - U_{UT}}{R_2}$

Strömmen I_2 genom R_2 skapar då en spänning över R_2 vilket ger utspänningen U_{UT}.

Strömmen I_1 och I_2 blir då lika. $\quad \dfrac{U_{IN} - 0}{R_1} = \dfrac{0 - U_{UT}}{R_2}$

Spänningsförstärkningen.(F) kan då beräknas. $\quad F = \dfrac{U_{UT}}{U_{IN}} = -\dfrac{R_2}{R_1}$

Förstärkningen för en inverterande förstärkare blir: $\quad F = -\dfrac{R_2}{R_1}$

Obs! Förstärkningen är inte negativ, utan minustecknet betyder att spänningen på utgången har en fasvridning på 180°.

Vilket betyder att om insignalen U_{IN} stiger, kommer utsignalen U_{UT} att minska.

Eftersom R_{IN} är detsamma som R_1, kan det uppstå problem om en högt värde på inresistansen och en hög förstärkning önskas. Värdet på R_2 blir då otroligt högt.

Icke-inverterande förstärkare:

Här kommer signalen in på plusingången men motkopplingen sker till minusingången.

Eftersom det inte är någon potentialskillnad mellan ingångarna, kommer inspänningen U_{IN} att ligga över R_1.

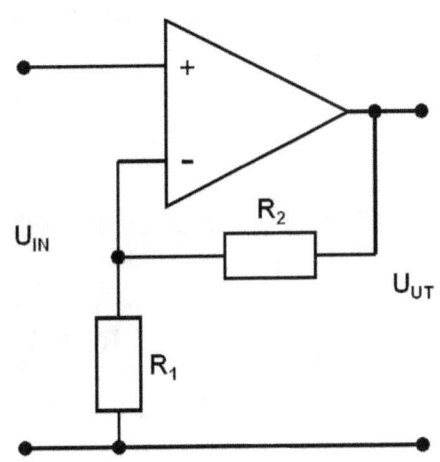

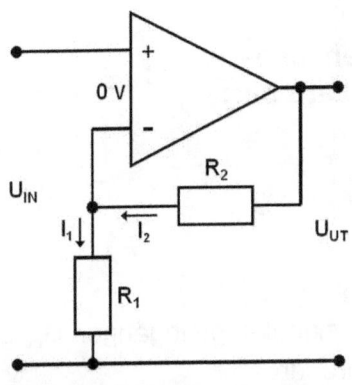

Strömmen I_1 som då uppkommer i R_1 genererar då strömmen I_2 genom R_2.

Då det inte går någon ström in på operationsförstärkarens minusingång, betyder det att I_1 och I_2 är lika.

Strömmen I_1 kan beräknas enl. $I_1 = \dfrac{U_{IN}}{R_1}$

Strömmen I_2 kan beräknas enl. $I_2 = \dfrac{U_{UT}}{R_1 + R_2}$

Eftersom I_1 och I_2 är lika blir förhållandet.
$$\frac{U_{IN}}{R_1} = \frac{U_{UT}}{R_1 + R_2}$$

Spänningsförstärkningen **F** kan då beräknas enligt:

$$F = \frac{U_{UT}}{U_{IN}} = \frac{R_1 + R_2}{R_1} \qquad F = \frac{R_1 + R_2}{R_1}$$

Förstärkningen för en icke-inverterande förstärkare blir: $\quad F = 1 + \frac{R_2}{R_1}$

I den här kopplingen ligger signalen på ingången U_{IN} och utgången U_{UT} i fas med varandra.

Vilket betyder att om insignalen U_{IN} stiger, kommer utsignalen U_{UT} också att stiga.

R_{IN} blir mycket högt. Då det inte finns någon yttre begränsning, kommer R_{IN} att få samma värde som OP-förstärkarens inresistans.

Några andra bra kopplingar att känna till:

Spänningsföljare:

En variant av den icke-inverterande förstärkaren kallas spänningsföljare.

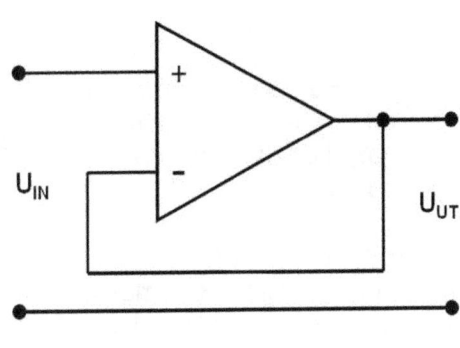

Eftersom det inte finns några resistanser i motkopplingen, ansluts U_{UT} direkt till minusingången.

Förstärkningen blir då: $F = \dfrac{U_{UT}}{U_{IN}} = 1$

Förstärkningen **F** blir alltså **= 1**

Spänningsföljare kan används som ett buffertsteg då R_{IN} är mycket högt, lika med operationsförstärkarens ingångsresistans, och R_{UT} är mycket lågt.

Komparator:

En komparator eller jämförare utnyttjar en OP-förstärkares maximala förstärkning och ingångskänslighet.

Ingen motkoppling används.

Minusingången är ansluten till insignalens nollnivå, eller den referensnivå som önskas.

En liten signalökning på plusingången, kommer att resultera i att förstärkaren ger en positiv maximal signal på utgången.

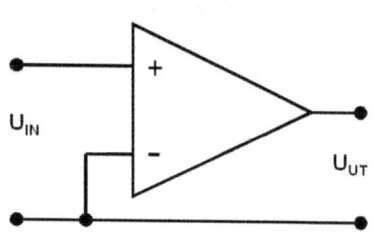

Ansluts en symetrisk sinussignal till U_{IN} kommer U_{UT} att få formen av en fyrkantvåg.

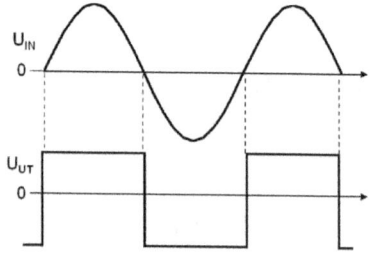

Ansluter man en potentiometer på minusingången, där potentiometerns ena sida är ansluten till nollnivån och den andra till OP-förstärkarens matningsspänning, skapas en reglerbar referenspunkt.

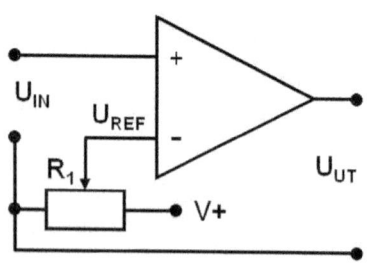

Ansluts den till plusmatning (**V+**), skapas en positiv referenspunkt U_{REF}.

Ansluts den till minusmatningen (**V-**) skapas istället en negativ referenspunkt.

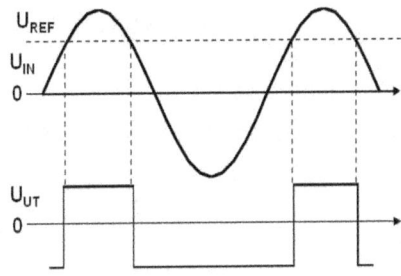

Schmitt-Trigger:

En vanlig komparator slår om varje gång insignalen passerar referensnivån.

Ibland kanske det vore önskvärt med en fördröjning av omslaget en så kallad hysteres.

Denna variant av komparator kallas för Schmitt trigger.

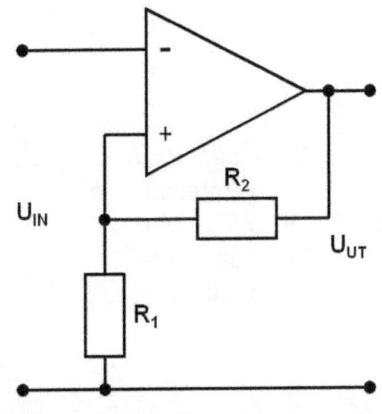

Insignalen ansluts till minusingången och motkopplingen sker till **plus**-ingången.

Detta är en av de få gånger som motkopplingen sker till plussidan.

Utspänningen U_{UT} delas av resistanserna R_1 och R_2.

Spänningen U_H över R_1 ger förskjutningen i omslaget eller hystereseffekten. R_2 hjälper också till så att omslaget fullföljs.

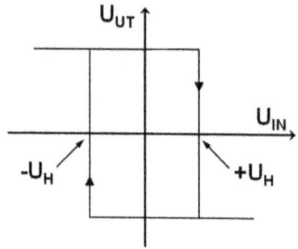

Hysteresspänningen U_H beräknas enligt:

$$\pm U_H = \frac{R_1}{R_1 + R_2} (\pm U_{UT})$$

Om signalen är repeterbar får utsignalen följande karakteristik.

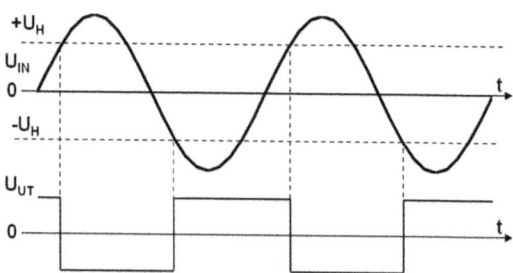

En Schmitt-trigger är perfekt i en reglerkretsar där en viss tröghet önskas.

T.ex. temperatur- eller nivåreglering, där det med en vanlig komparator, slår till och från ideligen.

Summaförstärkare:

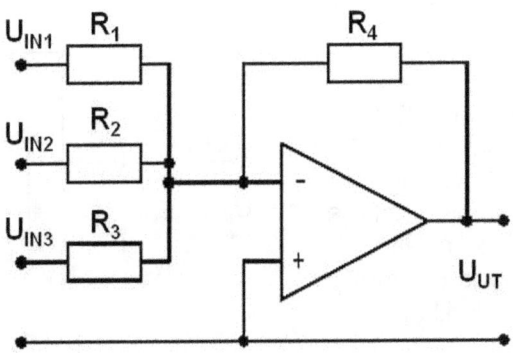

Strömmen genom R_4 kommer att vara summan av strömmarna genom R_1, R_2 och R_3.

Förstärkningen beräknas separat för varje ingång enligt:

$$F_1 = -\frac{R_4}{R_1} \qquad F_2 = -\frac{R_4}{R_2} \qquad F_3 = -\frac{R_4}{R_3}$$

Utsignalen blir:

$$U_{UT} = -(F_1 * U_{IN1} + F_2 * U_{IN2} + F_3 * U_{IN3}).$$

Om R_1, R_2, R_3 och R_4 är lika stora kommer utsignalen att bli:

$F = 1$ och $U_{UT} = -(U_{IN1} + U_{IN2} + U_{IN3}).$

Den här kopplingen är inte begränsad till just tre ingångar, utan kan anpassas till önskat antal.

Differentialförstärkare:

Här används båda ingångarna.

Eftersom ingångarna har olika förtecken, en plus och en minus, kommer utsignalen att vara skillnaden mellan U_{IN2} och U_{IN1}.

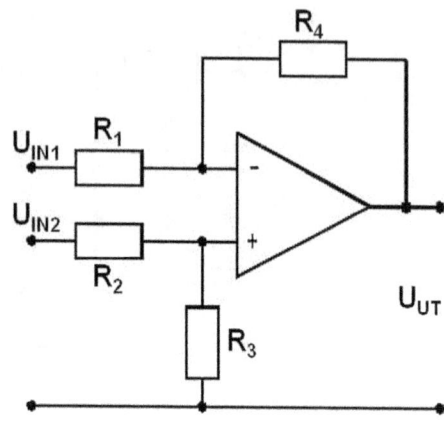

Om $R_1 = R_2$ och $R_3 = R_4$

Blir förstärkningen: $F = -\dfrac{R_4}{R_1}$

$$U_{UT} = F(U_{IN2} - U_{IN1})$$

Om alla fyra resistorerna är lika kommer U_{UT} att bli skillnaden mellan U_{IN2} och U_{IN1}.

$$U_{UT} = U_{IN2} - U_{IN1}$$

Det kan vara svårt att få kopplingen att fungera i praktiken. Då R_1 och R_2 samt R_3 och R_4 måste vara exakt lika. För att ändra förstärkningen krävs att två resistorer ändras.

En bättre koppling är den som kallas för **Instrumentförstärkare**.

Instrumentförstärkare:

Önskas en differentialförstärkare med bättre prestanda är instumentförstärkaren en lösning.

Den består som regel av 3 st operationsförstärkare, en för vardera ingången och en för utgången.

Om R_3 och R_4 är lika kommer förstärkningen i **OP3** att vara **1**

Strömmen genom R_1, R_2 och R_1 är lika.

Utan att gå in på någon närmare analys konstateras att den totala förstärkningen blir: (OP3 var F = 1)

$$F = 1 + \frac{2R_1}{R_2}$$

Till skillnad från en vanlig differentialförstärkare är det lätt att ändra förstärkningen. Det bara att ändra värdet på R_2.

Det finns färdiga instrumentförstärkare att köpa. Dessa beräknas som en OP, där samtliga resistanser utom R_2 är internt fabrikstrimmade.

Resistansen R_2 eller R_G som den betecknas i databladen är enda externa komponent för att få en fungerande förstärkare.

Beräkningen följer formeln ovan. Värden på R_1 och R_2 framgår av tillverkarnas datablad.

Integrerande koppling:

Om motkopplingsresistorn i en inverterande koppling, byts ut mot en kondensator, skapas en integrerande förstärkare.

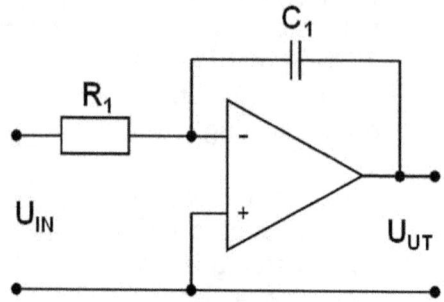

Om en positiv spänning läggs på U_{IN} kommer det att flyta en ström genom R_1.
Samma ström kommer sedan att ladda upp kondensatorn C_1.

Hur fort detta sker, beror på strömmens storlek och kondensatorns kapacitans.

$$\frac{\Delta U_{UT}}{\Delta t} = - \frac{U_{IN}}{R_1 C_1}$$

Eftersom det är en inverterande koppling, kommer U_{UT} att minska tills kondensatorn C_1 är fullt uppladdad av strömmen från R_1.

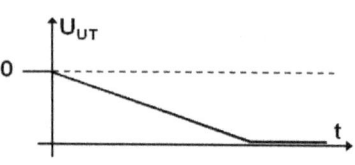

Exempel:

$R_1 = 20\ k\Omega$ och $C_1 = 10\ nF$

Insignalen är 0 V (U_{IN}) och ändras till 2 V.

När insignalen ändras från 0 till 2 V, kommer en ström att flyta genom R_1. Denna ström kommer sedan att ladda upp kondensatorn C_1.

Utsignalen kommer att förändras enligt:
$$\frac{\Delta U_{UT}}{\Delta t} = -\frac{2}{2*10^4*10^{-8}}$$

U_{UT} kommer då att sjunka med:
$$\frac{\Delta U_{UT}}{\Delta t} = -10 \text{ kV / s} = -10 \text{ mV / } \mu s$$

Detta kommer att fortgå tills U_{IN} återgår till 0 eller C_1 blir fulladdad eller OP-ns gränsvärde är uppnått.

Utspänningen kommer att ha kvar det nya värdet tills C_1 laddas ur.

Om inspänningen ändras från 0 till − 2 V kommer utspänningen att stiga med motsvarande värde.

Om en sinusvåg används, kommer förstärkningen på grund av kondensator C_1, att vara frekvensberoende. Vid stigande frekvens hos insignalen, sjunker förstärkningen.

Kondensatorns resistans kallas för kapacitiv reaktans (X_C) och är frekvensberoende.

Den beräknas: $X_C = \dfrac{1}{2\pi f C}$

Förstärkningen blir i det här fallet: $F = -\dfrac{1}{2\pi f R_1 C_1}$

Deriverande koppling:

Om ingångsresistorn i en inverterande koppling, byts ut mot en kondensator, skapas en deriverande förstärkare.

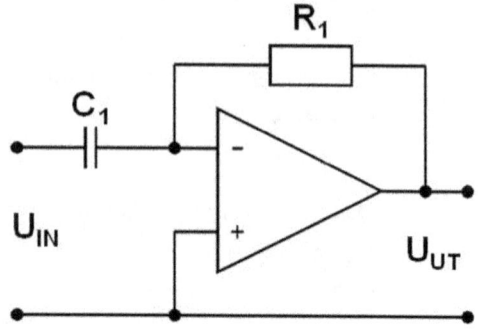

Med en triangelvåg på ingången erhålls en fyrkantvåg på utgången.

Strömmen genom kondensatorn är proportionell mot derivatan (lutningen) av spänningen.

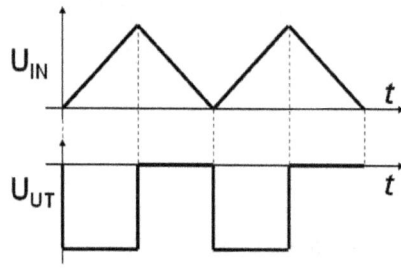

Då spänningen ökar linjärt över C_1 kommer strömmen I att vara konstant.

$$I = C_1 \frac{\Delta U_{IN}}{\Delta t}$$

Utspänningen blir då också konstant då $\quad -U_{UT} = I \cdot R_1$

Om båda formlerna sätts samman blir resultatet:
$$U_{UT} = -R_1 C_1 \frac{\Delta U_{IN}}{\Delta t}$$

Då insignalen U_{IN} börjar stiga kommer utsignalen U_{UT} att snabbt inta en låg nivå. När sedan insignalen vänder och börjar minska kommer utsignalen att snabbt återgå till föregående nivå.

Om en fyrkantvåg ansluts till en deriverande krets får utsignalen formen av "spikar".

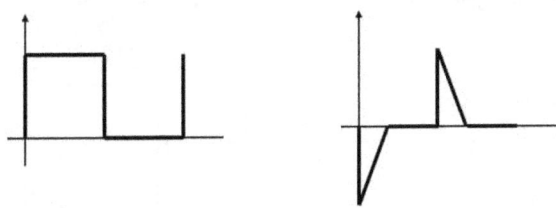

Bilderna visar endast ett schematiskt utseende på utgångssignalen. Det verkliga utseendet är beroende av storleken på R_1 och C_1

Om en sinussignal läggs på ingången U_{IN} kommer utgångssignalen U_{UT} också att vara sinusformad. Förstärkningen kommer dock att stiga med stigande frekvens.

Kondensatorns resistans kallas för kapacitiv reaktans (X_C) och är frekvensberoende.

$$X_C = \frac{1}{2\pi f C}$$

Förstärkningen beräknas i det här fallet:

$$F = - \frac{1}{2\pi f R_1 C_1}$$

Aktiva filter:

Lågpassfilter:

Ett aktivt lågpassfilter är i grunden en integrerande koppling (se tidigare). Resistorn R_2 tillkommer för att bestämma kretsens grundförstärkning.

Kretsens förstärkningen kommer att vara frekvensberoende.

Högre frekvens ger lägre förstärkning.

Förstärkningen vid frekvenser under brytpunkten (f_0) bestäms av R_1 och R_2.

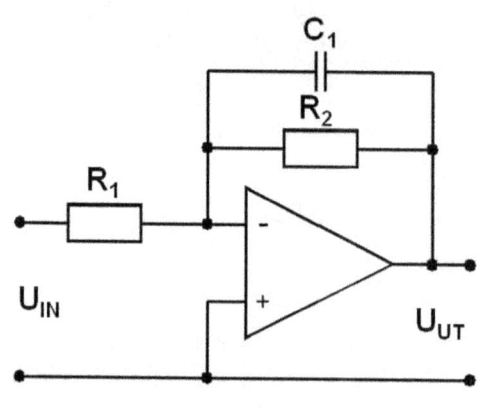

Den så kallade brytpunkten (f_0), vid vilken frekvens förstärkningen ska börja att minska, bestäms av R_2 tillsammans med C_1.

Grundförstärkningen för frekvenser under brytpunkten (f_0) blir:

$$F = -\frac{R_2}{R_1}$$

Frekvensen för brytpunkten (f_0) beräknas enligt:

$$f_0 = \frac{1}{2\pi\, C_1 R_2}$$

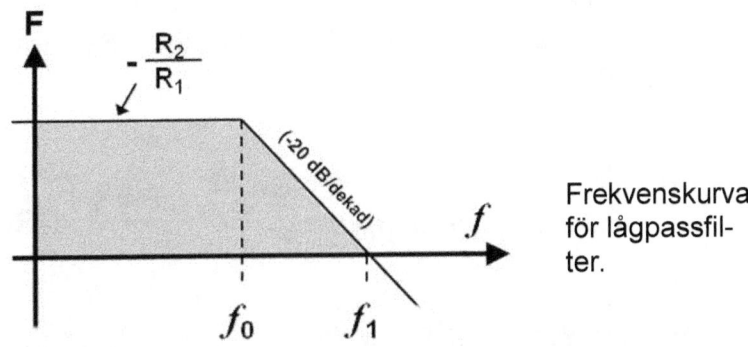

Frekvenskurva för lågpassfilter.

Den frekvens (f_1) där förstärkningen har sjunkit till ett (F = 1) kan beräknas enligt:

$$f_1 = \frac{1}{2\pi\, C_1 R_1}$$

Alternativ koppling av ett lågpassfilter med en icke-inverterande förstärkare.

Även i denna koppling avtar förstärkningen med **20dB / dekad** vid stigande frekvens över brytpunkten (f_0).

Förstärkningen vid frekvenser under brytpunkten (f_0) bestäms av R_1 och R_2.

Den så kallade brytpunkten (f_0), vid vilken frekvens förstärkningen ska börja att minska, bestäms av R_3 tillsammans med C_1.

Grundförstärkningen för frekvenser under brytpunkten (f_0) blir:
$$F = 1 + \frac{R_2}{R_1}$$

Frekvensen för brytpunkten (f_0) beräknas enligt:
$$f_0 = \frac{1}{2\pi\, C_1 R_3}$$

Förstärkning anges ibland i decibel (**dB**). Med detta menas tjugo gånger tiologaritmen av spänningsförstärkningen (**F**) (**20 log F**).

Om förstärkningen **F** är **100** motsvarar det **40 dB**.

Aktiva filter, har med den här kopplingen, en dämpning på **20 dB/dekad**. Spänningsförstärkningen minskar då med **10** gånger, mellan exempelvis **1** och **10 kHz**.

Filter med denna dämpning kallas för första ordningens aktiva filter.

Det finns filterkopplingar med högre dämpning som kallas för andra-, tredje- o.s.v. ordningens filter. Dessa har en dämpning på 40-, 80- o.s.v. dB / dekad.

Ibland anges värdet per oktav. 20dB / dekad motsvarar 6dB / oktav.

Exempel:

Ett lågpassfilter med följande värden:

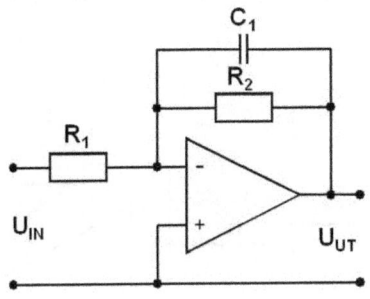

$R_1 = 1$ kΩ

$R_2 = 20$ kΩ

$C_1 = 0{,}33$ nF

Förstärkningen blir enligt formeln:

$$F = - \frac{R_2}{R_1}$$

$$F = - \frac{20 * 10^3}{10^3}$$

$F = 20$ gånger

Frekvensen vid brytpunkten f_0 blir enligt formeln:

$$f_0 = \frac{1}{2\pi\, C_1 R_2}$$

$$f_0 = \frac{1}{2\pi * 0{,}33 * 10^{-9} * 20 * 10^3}$$

$f_0 \approx 24$ kHz
(24,114 kHz)

Frekvensen vid brytpunkten f_1 blir enligt formeln:

$$f_1 = \frac{1}{2\pi\, C_1 R_1}$$

$$f_1 = \frac{1}{2\pi * 0{,}33 * 10^{-9} * 10^3}$$

$f_1 \approx 482$ kHz
(482,288 kHz)

Högpassfilter:

Ett aktivt högpassfilter är i grunden en deriverande koppling (se tidigare). Resistorn R_1 tillkommer i serie med kondensatorn C_1 för att bestämma kretsens grundförstärkning.

Kretsens förstärkningen kommer att vara frekvensberoende.

Högre frekvens ger högre förstärkning.

Förstärkningen ökar med **20dB / dekad** vid stigande frekvens till brytpunkten (f_0).

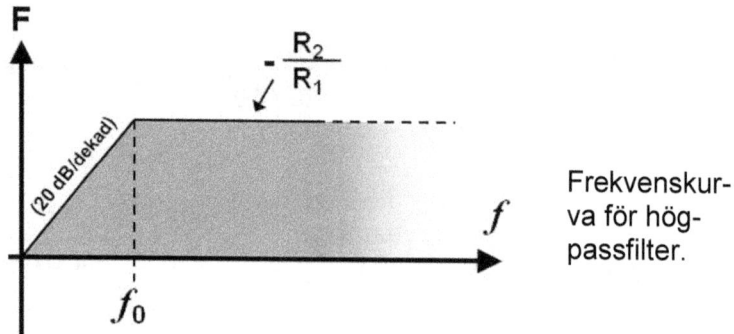

Frekvenskurva för högpassfilter.

Förstärkningen vid frekvenser över brytpunkten (f_0) bestäms av R_1 och R_2.

$$F = - \frac{R_2}{R_1}$$

Den så kallade brytpunkten (f_0), vid vilken frekvens förstärkningen ska sluta att öka, bestäms av R_1 och C_1.

$$f_0 = \frac{1}{2\pi C_1 R_1}$$

Alternativ koppling av ett högpassfilter med en icke-inverterande förstärkare.

Förstärkningen ökar med **20dB / dekad** vid stigande frekvens till brytpunkten (f_0).

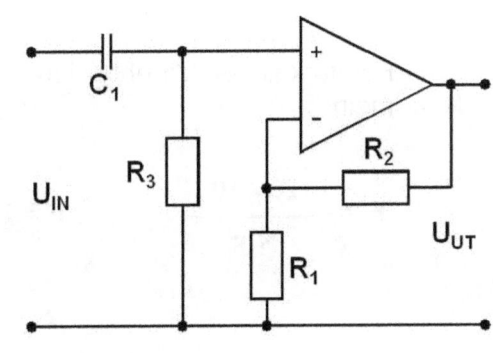

Förstärkningen vid frekvenser över brytpunkten (f_0) bestäms av R_1 och R_2.

$$F = 1 + \frac{R_2}{R_1}$$

Den så kallade brytpunkten (f_0), vid vilken frekvens förstärkningen ska sluta att öka, bestäms av R_3 och C_1.

$$f_0 = \frac{1}{2\pi C_1 R_3}$$

Exempel:

Ett högpassfilter med följande värden:

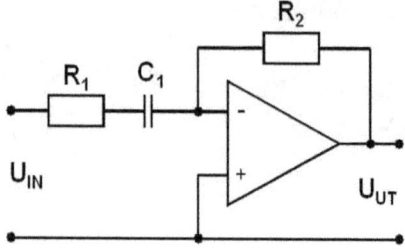

$R_1 = 1\ k\Omega$

$R_2 = 20\ k\Omega$

$C_1 = 330\ nF$

Förstärkningen blir enligt formeln:

$$F = -\frac{R_2}{R_1}$$

$$F = -\frac{20 * 10^3}{10^3} \qquad F = 20\ \text{gånger}$$

Frekvensen vid brytpunkten f_0 blir enligt formeln:

$$f_0 = \frac{1}{2\pi\ C_1 R_1}$$

$$f_0 = \frac{1}{2\pi * 330 * 10^{-9} * 10^3} \qquad f_0 \approx 482\ \text{Hz}$$

(482,29 Hz)

Bandpassfilter:

Om ett lågpassfilter och ett högpassfilter sätts samman erhålles ett bandpassfilter.

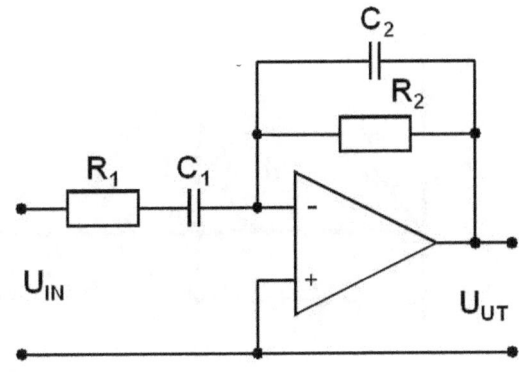

Ett bandpassfilter dämpar både låga och höga frekvenser.

Förstärkningen ökar med **20dB / dekad** vid stigande frekvens till undre brytpunkten (f_1).

Över den övre brytpunkten (f_2), avtar förstärkningen med **20dB / dekad** vid stigande frekvens.

Förstärkningen vid frekvenser mellan brytpunkterna (f_1) och (f_2) bestäms av R_1 och R_2.

Den undre brytpunkten bestäms av R_1 och C_1.

Den övre brytpunkten bestäms av R_2 och C_2.

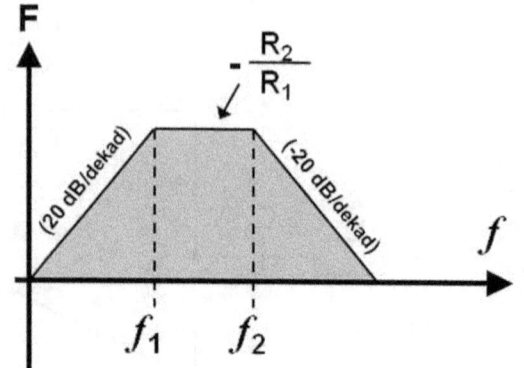

Frekvenskurva för bandpassfilter.

Grundförstärkningen för frekvenser mellan brytpunkterna (f_1) och (f_2) blir:

$$F = - \frac{R_2}{R_1}$$

Beräkningen av den nedre brytpunkten (f_1) blir:

$$f_1 = \frac{1}{2\pi\, C_1 R_1}$$

Beräkningen av den övre brytpunkten (f_2) blir:

$$f_2 = \frac{1}{2\pi\, C_2 R_2}$$

Exempel:

Ett bandpassfilter med följande värden:

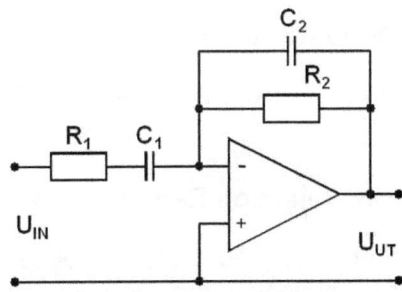

$R_1 = 1 \text{ k}\Omega$

$R_2 = 20 \text{ k}\Omega$

$C_1 = 330 \text{ nF}$

$C_2 = 0{,}33 \text{ nF}$

Förstärkningen blir enligt formeln:

$$F = - \frac{R_2}{R_1}$$

$$F = - \frac{20 * 10^3}{10^3} \qquad F = 20 \text{ gånger}$$

Frekvensen vid brytpunkten f_1 blir enligt formeln:

$$f_1 = \frac{1}{2\pi C_1 R_1}$$

$$f_1 = \frac{1}{2\pi * 330 * 10^{-9} * 10^3} \qquad f_1 \approx 482 \text{ Hz}$$
$$(482{,}29 \text{ Hz})$$

Frekvensen vid brytpunkten f_2 blir enligt formeln:

$$f_2 = \frac{1}{2\pi C_2 R_2}$$

$$f_2 = \frac{1}{2\pi * 0{,}33 * 10^{-9} * 20 * 10^3} \qquad f_2 \approx 24 \text{ kHz}$$
$$(24{,}114 \text{ kHz})$$

Några viktiga parametrar för OP-förstärkare:

CMRR (Common Mode Rejection Ratio):

Förstärkarens förmåga att undertrycka likfasiga signaler. Enheten är **dB**.

PSRR (Power Supply Rejection Ratio):

Förmågan att undertrycka variationer på offset, som beror på variationer I matningsspänningen. Enheten är *mikrovolt per volt* $\mu V/V$

Slew Rate: (SR)

En förstärkares snabbhet. Ett mått på hur fort utsignalen ändras vid en snabb förändring på ingången. Ett högt värde betyder också en hög bandbredd. Enheten är *volt per mikrosekund*. **V/µs**

BW:

Förstärkarens bandbredd. Enheten är **MHz**. Bandbredden minskar med ökad förstärkning.

Bilden visar en typisk kurva för BW. Den är hämtad från OP-förstärkaren TL031.

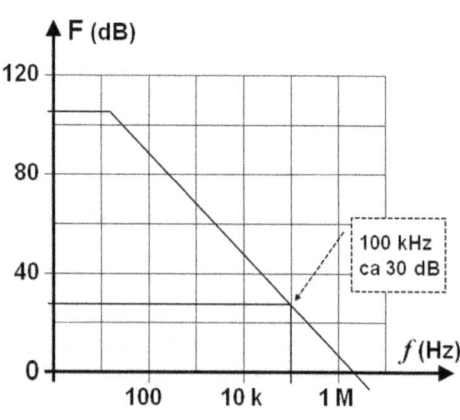

Vid exempelvis en förstärkning på 30dB är bandbredden 100 kHz

Noise:

Ingångens brusfaktor. Enheten är *nanovolt delat med roten ur bandbredden*. **nV/√Hz**.
Det innebär att brusspänningen ökar med roten ur bandbredden.

Anslutningar till Op-förstärkare (TL071)

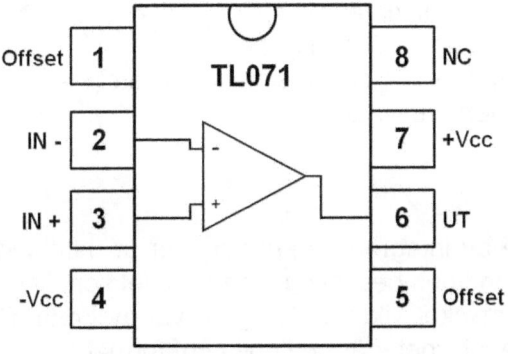

IN- = Inverterad ingång

IN+ = icke inverterad ingång

UT = Utgång

+Vcc = Positiv matningsspänning

-Vcc = Negativ matningsspänning

NC = Ej ansluten

Offset = Justering av offsetspänning

Offset:

Spänningsavvikelse på ingången, som orsakar en utspänning fast ingångarna är kortslutna.

De flesta Op-förstärkare har separata anslutningar för att justera detta. (Bilden visar kopplingen till TL071, anslutningar inom parentes)

Om inte maximal likspänningsnivå är nödvändig t.ex. inom audio eller om inte maximal utsignal behövs, kan justeringen uteslutas.

Tillverkare av integrerade kretsar, ger ut datablad där kretsens värden finns beskrivna, samt en del kopplingsexempel. Dessa är mycket viktig läsning för val av krets. De hämtas enklast via internet, där de finns i pdf format.

Matningsspänning för en OP-förstärkare:

De flesta OP-förstärkare kräver symetrisk matningsspänning t.ex. **+ 15V** på **+Vcc** och **– 15V** på **–Vcc**.

Om det bara finns tillgång till enkelmatning och förstärkaren inte ska användas för likspänningssignaler, kan en konstgjord likspänningsnivå skapas.

Bilden visar ett exempel på koppling för en icke-inverterande förstärkare.

Komponenterna C_1, C_2, C_3, R_3 och R_4 tillkommer.

Resistanserna R_3 och R_4, vilka ska vara lika stora, delar matningsspänningen till halva värdet och ger ingången en konstgjord mittpunkt för likspänningen.

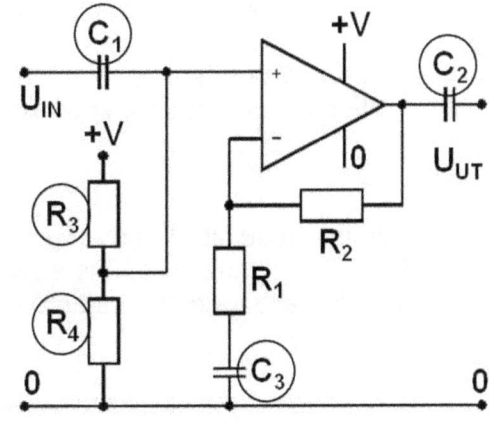

Eftersom den likspänningsmässigt uppträder som en spänningsföljare kommer även utgången att ha samma nivå.

Kondensatorerna C_1 och C_2 ser till att endast växelspänning kan passera in till ingången och ut från utgången.
Kondensator C_3 ser till att signalförstärkningen blir den rätta.

Värden på R_3 och R_4 ca 100kΩ, C_3 ca 20-100µF samt C_1 och C_2 ca 1-30µF.

+V blir +30V, om den symetriska ska vara ± 15V.

Det tillverkas även OP-förstärkare som klarar enkelmatning t.ex. LM324. Den innehåller 4 st OP-förstärkare i samma kapsel och går att mata med antingen dubbel och enkelspänning.

Mönsterkort:

Ett mönsterkort kan tillverkas genom att tejpa eller rita mönstret direkt på kortet eller på en genomskinlig plastfilm.

Tänk på att om det ska tillverkas i mer än ett ex. kan det bli problem om det ritas direkt på kortet.

Snyggast resultat blir om originalet framställs med hjälp av ett CAD-program. (det finns ett antal program som är speciellt utformade för detta ändamål).

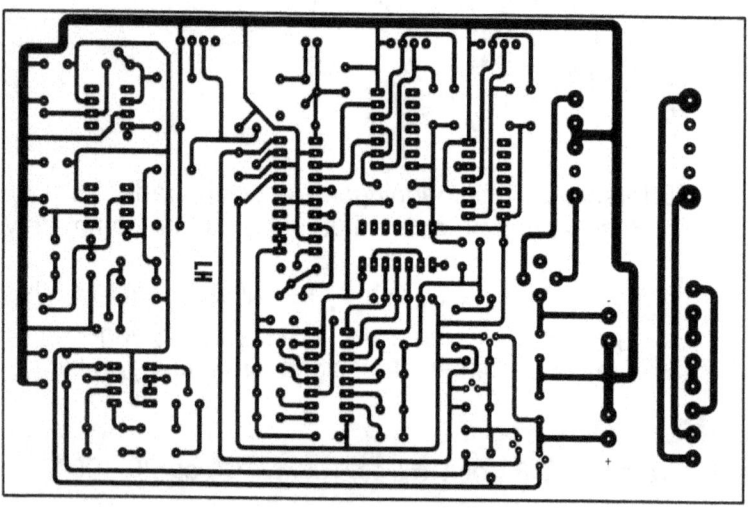

Mönstret är ritat i CAD-programmet AutoSketch 2.

För prototyptillverkning har jag själv under många år använt mig av AutoSketch 2.0, som är ett "vanligt" CAD-program.

Det är det enda CAD-program jag lyckats hitta, där linjebredden syns tydligt på skärmen, vilket är viktigt.

För att undvika virvelströmmar bör hörnen rundas av. Detta är speciellt viktigt vid höga frekvenser. Ju högre frekvens ju större krök.

Ej avrundad

Avrundad

När mönstret är färdigritat och utskrivet på plastfilm ska det överföras till kortet.

Det enklaste är att välja ett kort eller laminat som är behandlat med positiv fotoresist.

Passa in filmen på kortat och lägg en glas- eller plexiglasskiva över, (för att filmen ska ligga plant på kortet).

Belys med en UV-lampa eller UV-ljuslåda (ingen glasskiva behövs).

En UV-lampa ska ha våglängden 350 – 370 nm och en effekt på 300W.

Ett riktvärde för belysning är:

Placera lampan ca 35 – 45 cm ovanför laminatet och belys ca 5 – 7 min.

Tiden bör utprovas för bästa resultat.

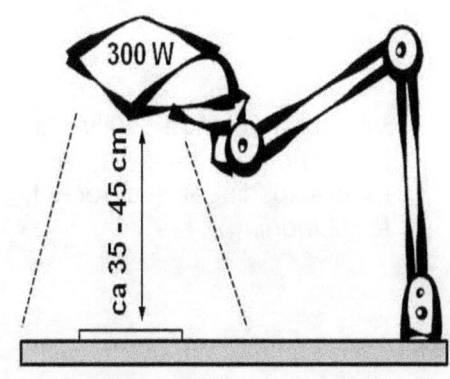

Vid användande av en UV-ljuslåda följ ev. bruksanvisning eller prova.

För framkallning av fotoresistet finns färdigt pulver att blanda ut i vatten eller också kan kaustiksoda användas (se recept).

> **Kaustiksoda:**
>
> Blanda ca 2 teskedar kaustiksoda (NaOH) i en liter vatten.

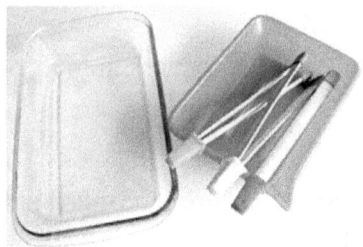

Fotoskålar eller glasskålar är lämpliga kärl för både framkallning och etsning. Både skålar och pincetter måste vara syrabeständiga.

För etsning av kretskortet finns det färdigt etspulver att köpa.

Vill man blanda själv är järnklorid eller saltsyra några bra lösningar (se recept för blandning)

> **Saltsyra:**
>
> Tre delar vatten
> En del saltsyra (ca 37%)
> En del väteperoxid (ca 35%)
>
> Häll först vattnet i en glasskål.
> Därefter under omrörning saltsyran och sist väteperoxid.

> **Järnklorid:**
>
> 0,25 kg blandas i ca en till två liter varmt vatten

OBS! Glöm inte att använda skyddsglasögon och handskar, då etsvätskan är starkt frätande.

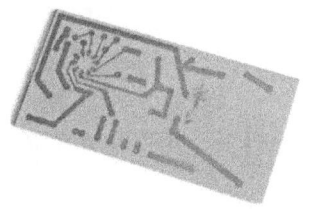
Tvätta slutligen laminatet med aceton för att få bort resterna av fotoresisten.

Klart för borrning och montering av komponenter.

Var noggrann med håltagningen och använd inte större borr än nödvändigt. Det underlättar monteringen av komponenter.

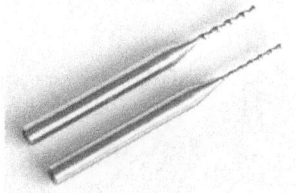

Använd hårdmetallborr. Snabbstål slits fort ut.

Hårmetallborr

Vid montering av komponenter. Tänk på att värmen från lödkolven kan förstöra känsliga komponenter vi för lång lödtid.

Symboler

Passiva:

─▭─ Resistans	─┤├─ Kondensator
─▭─ Potentiometer	─┤├─ Kond. Elektrolyt
─▧─ Trimpotentiom.	─⚡├─ Trimkond.
─▭─ Reostat	
─▭─ Reostat	─⚡├─ Trimkond.
─▭─ LDR	─⚡├─ Vridkond.
─▧─ Termistor	‿〰〰‿ Induktor utan kärna
─▧─ Varistor	‿〰〰‿ Induktor med kärna

⊐⊏ Transformator	Fulltransformator
⊐⊫ Transformator med mittuttag	
⊐⊫ Transformator 2 sek. lindningar	Spartransformator

Aktiva:

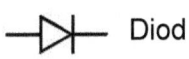 Diod

 Scottydiod

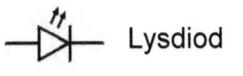 Lysdiod

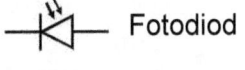 Fotodiod

 Zenerdiod

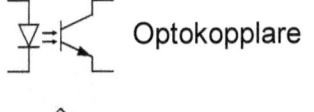 Kapacitansdiod

 Optokopplare

 Likriktarbrygga

 NPN Transistor

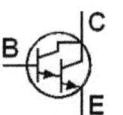 NPN Darlington

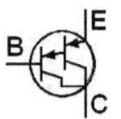 PNP Darlington

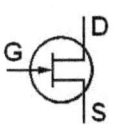 JFET N-kanal

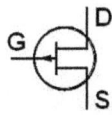 JFET P-kanal

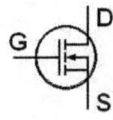 MOSFET N-kanal

 MOSFET P-kanal

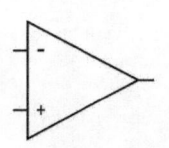 PNP Transistor

OP-förstärkare

www.ingramcontent.com/pod-product-compliance
Lightning Source LLC
Chambersburg PA
CBHW070314230526
45470CB00002B/871